挑战建筑的『形』与『力』

［日］梅泽良三 著

陈浩／庄东帆——译

中国建筑工业出版社

丛书序

在我社一直从事日文版图书引进出版工作的刘文昕编辑，十余年来与日本出版界和建筑界频繁交往，积累了不少人脉，手头也慢慢攒了些日本多家出版社出版的好书。因此，想确定一个框架，出版一套看起来少点儿陈腐气、多点儿新意的丛书，再三找我商议。感铭于他的执着和尚存的理想，于是答应帮忙，组织了几个爱书的学者、建筑师，借助他们的学识和眼光，一来讨论选书的原则，二来与平面设计师一道，确定适合这套图书的整体设计风格。

这套丛书的作者可谓形形色色，但都是博识渊深、敏瞻睿哲的大家。既有20世纪80年代因《街道的美学》《外部空间设计》两部名著，为中国建筑界所熟知的芦原义信，又有著名建筑史家铃木博之、建筑批评家布野修司，当然，还有一批早已在建筑世界扬名立万的建筑师：内藤广、原广司、山本理显、安藤忠雄……

这些日文著作的文本内容，大多笔调轻松，文字畅达，普通人读来，也毫无违碍之感，脱去了专业书籍一贯高深莫测的精英色彩。建筑既然与每一个人的日常生活息息相关，那么，用平实的语言，去解读城市、建筑，阐释自己的建筑观，让普通人感受建筑的空间之美、形式之美，进而构筑、设计美的生活，这应该是建筑师、理论家的一种社会责任吧。

回想起来，我们对于日本建筑，其实并不陌生，在20世纪80、90年代，通过杂志、书籍等媒介的译介流布，早已耳熟能详了。不过，那时的我们，似乎又仅限于对作品的关注。可是，如果对作品背后人的了解付之阙如，那样的了解总归失之粗浅。有鉴于此，这套丛书，我们尽可能选入一些有关建筑师成长经历的著作，不仅仅是励志，更在于告诉读者，尤其是青年学生，建筑师这个职业，需要具备怎样的素养，才能最终达成自己的理想。

羊年春节，外出旅游腰缠万贯的中国游客在日本疯狂抢购，竟然导致马桶盖一类的普通商品断了货，着实让日本商家莫名惊诧了一番。这则新闻，转至国内，迅速占据了各大网站的头条，一时成了人们茶余饭后的谈资。虽然中国游客青睐的日本制造，国内市场并不短缺，质量也不见得那么不堪，但是，对于告别了物质匮乏，进入丰饶时代不久的部分国人来说，对好用、好看，即好设计的渴望，已成为选择商品的重要砝码。

这样的现象，值得深思。在日本制造的背后，如果没有一个强大的设计文化和设计思维所引领的制造业系统，很难设想，可以生产出与欧美相比也不遑多让的优秀产品。

建筑亦如是。为何日本现代建筑呈现出独特的性格，为何日本建筑师屡获普利茨克奖？日本建筑师如何思考传统与现代，又如何从日常生活中获得对建筑本质的认知？这套丛书将努力收入解码建筑师设计思维、剖析作品背后文化和美学因素的那些著作，因为，我们觉得，知其然，更当知其所以然！

黄居正

2015年5月

自序

结构设计师究竟是做什么的呢？本书从其原点出发而作，记述了一位奋斗半生、进行建筑创造的结构设计师的世界。说起结构设计师，并不完全像世上所描述的那样；所以，也是本书记述一位结构设计师成长经历的意义所在。如果说建筑设计师构筑自己的世界之理由，是为了展示自己的存在的话，那么结构设计师也是一样的。

本书第一章，主要介绍了本人在木村俊彦结构设计事务所时，通过木村俊彦先生与新锐派的建筑师们的合作交流，认识到结构设计师的内涵；特别是通过本人被丹下健三城市建筑设计研究所派驻海外工作，深刻体验到建筑设计师的国际化程度很高，而技术因地域的差别相对还是一个存在封闭的世界。

在本书第二章的“1. 结构体系的内涵”一节中，阐述了本人自己的结构体系理论。结构最大的力学特性是抵抗重力、支撑建筑物；即，结构体系有压缩、拉伸、剪切三个基本受力状态，与荷载和支点的位置有关，这些任何人通过身体感知都可以理解。在本章的“2. 结构简史”一节中，以技术史的方式记述建筑结构的发展，其有别于不同学说和流派的建筑史和近代美术史的叙事方式。传统的夯土材料、石砌材料逐渐演变到煅烧材料，建筑材料逐渐发生的这种变化，也促成了数千年的传统施工方法演变成深奥的建筑工程技术。特别是古罗马帝国时代由于出现了混凝土，使得建设大型的城门、城墙、穹顶等建筑成为可能，因而也开创了建筑技术史上的一个新纪元。随着近代产业革命的发展，以钢和钢筋混凝土为代表的新材料而发展起来的新的工程技术，使近代建筑的发展达到了一个新的历史里程碑。本章也用相当的篇幅介绍了不断发展的工程结构技术。

本书第三章为大家介绍本人从创立自己的事务所到目前为止在实际工程项目中所采用过的 14 种具有代表性的工程结构体系，并随后选取 4 个代表性的项目从工程开发的动机、内容、效果等几个方面进行了归纳和概括。在“02. 夹层折板结构的开发”一节中，通过开发新的钢筋结构方式，来论述结构设计对构建空间的必要性。在“11. 加筋屈曲穹顶结构的开发”一节中，通过描述充满美感质朴的单层网格穹顶，为读者展现了对角斜拉型网格穹顶钢架结构，这种单层网状钢架巨型穹顶结构全部是由网格状的钢材构成，网格对角之间有纤细的斜拉钢筋，其基座所承受的载荷是普通结构的基座的 5 倍。在“14. 等截面集成材工法的开发”一节中，为读者介绍了在同一剖面中如何采用日本产小口径原木，并在工厂通过装配构件将其组装成立柱、横梁、墙壁等三种基本结构构件，并最终构建成大型建筑空间的基本组装方法。

本书第四章集中记述了自独立创建自己的事务所 26 年来主持的具有代表性的工程项目，介绍了在当时的时代背景下，怎样考虑与建筑规划设计的基础上，确定结构设计方案。本书的第三章重点记述了本人开发的结构体系在实际工程建筑中的应用情况。“建筑是时代的产物，任何建筑均体现着其所处时代的空间意志。”尽管 26 年的时光十分短暂，但是不同的时期所建设的各类建筑都深深地烙上了不同时代的印记。

本书第五章，本人认为现代日本诸多的社会问题中很多是各类住宅问题所引起的，21 世纪住宅的争论焦点之一就是住宅究竟应该是什么样的。作者提出了自己的住宅栖身理论，认为一座能供几代人居住使用的、寿命超百年的住宅建筑形态，不是其内部功能所决定的，而是要最大限度地利用好建筑用地并使该住宅建筑为周边的环境添彩增景，也就是说应该由外部因素决定栖身之所。

此外，本书还介绍了本人和日本著名建筑师椎名英三共同设计的试验性住宅“IRONHOUSE”。

梅泽良三

关于结构设计师梅泽良三先生

我第一次委托梅泽先生进行建筑结构设计的工作，就是2000年竣工的“SPACEODYSSEY”项目，那是我至今所主持设计的最大的住宅工程项目。我在和梅泽先生磋商该项目的建筑工程结构方案时，梅泽良三先生所具有的构造大师的睿智以及他的知识、经验令我为之倾倒。每当我刚提出建筑的设计思想而还未涉及其结构工程问题之时，梅泽先生不仅能迅速地领悟该建筑的空间构成，而且立即提出相应的结构设计思路。梅泽先生对建筑空间超常的理解力令我感到惊叹。

本人认为该项工程最得意的设计之处就是一座回廊式的顶棚，其宽度为2.2m，周长为11.8m，顶棚高度为6.5m。其顶窗由1162块规格为100×10t的玻璃水平层叠构成，就好似人置身于海底向上仰望，期盼着神秘之光的出现。由于回廊一面墙壁有两层楼之高，而另一面墙却仅有一层，因此容易造成人对墙壁产生一种不安全的感觉。本人自己考虑时，一直纠结怎么处理好呢？梅泽先生建议：“窗框可以采用钢筋混凝土的结构，为了突出由层叠玻璃构成的顶窗效果。最好矮墙的墙壁上两个合适的位置安装直径为60mm龙骨，同时可以避免窗框变形。这样混凝土墙壁上部可以承载规格为L100×100×6t的玻璃”。这时我瞬间心悦诚服地采用了他的建议。

本人在和梅泽先生进行磋商的时候，往往是他在听完我说明基本想法之后，便拿出一支铅笔慢慢地在纸上绘制着草图，那只铅笔的笔芯很黑、很柔软，一条条的粗线条跃然纸上。和梅泽先生进行交流是令人非常愉快的事情，随着梅泽先生侃侃而谈的话语，思路起伏不断，喷薄而出。面对设计方案中的问题，梅泽先生往往会突发奇想，用独到的设想使其迎刃而解，充分展现了其与众不同的出色才能。梅泽先生提出的设计方案，不仅涉及结构，而且触及建筑的本质。

就这样，在梅泽先生的一个电话的邀请之下，2005年8月18日我开始进行IRONHOUSE的项目设计。虽然过去梅泽先生一直作为结构设计师和本人进行交往，但是此次梅泽先生则不仅作为结构设计师而且还以客户的身份和本人研讨设计方案，因此梅泽先生更多地从使用者的视角出发来思考问题。在和梅泽先生的磋商过程中，他提出了各种要求和不同的设想，他对整体建筑的空间理解和考虑十分到位。原先我在设计中所遇到的难题在他面前一一化解，使我本人对梅泽先生又有了新的认识。在和梅泽先生的接触中，能让人感受到其旺盛的精力和一丝不苟的工作态度，尤其梅泽先生作为一位客户却做了本应属于建筑师应该做的大量工作，也使我为之惭愧和感慨。工程竣工后，我提出了梅泽先生应作为该项目的共同建筑设计师之一列入档案，感到庆幸的是得到了他的认可。在这项建筑工程中，除了结构设计之外，随处也可以看到梅泽先生的设计灵感。

IRONHOUSE 项目于 2006 年 9 月 16 日正式开始施工，工程原定于 2007 年 2 月 28 日完工；可是延期两个月之后，还有部分施工尚未完成，但是也决定投入使用。整座工程最终在 2007 年 10 月 30 日全部完工。梅泽先生为了使此项工程能成为更好的建筑工程，对设计方案进行反复推敲和来回修改。本人认为 IRONHOUSE 项目之所以能令各方满意，正是因为梅泽先生为此倾注了大量的心血。

本书详细记载了梅泽先生的工作历程，不仅对结构师或立志成为结构师的年轻人，而且对从事建筑设计的建筑师或者是学习与建筑专业相关的青年学生来说，是本难得的、有趣的、励志的书籍。当您翻开本书的时候，相信会有各种各样的新发现和新认识，您一定对不虚读本书而感到欣慰。

椎名英三（建筑师）

第三章 开发新的结构

[System]

第五章 IRONHOUSE 和住宅栖身理论 304

第四章 结构设计的实践

[Project]

第一章　实现结构设计师之梦

世上，被评论为著名建筑的建筑，没有结构设计师的参与是不可能的。结构设计师是做什么的？本书记载了一位为理想而奋斗的结构设计师的人生轨迹。

1 什么是结构设计师

结构设计师的地位

结构设计师和普通的结构技术人员究竟有什么不同？如果只是掌握相应技术而不进行任何创新和创造，那么技术水平再高也不能称为结构设计师，进而也不可能成为结构大师。结构设计师是和建筑设计师具有相同的视野并能思考的技术人，他们都是感性的专业技术人员。

结构设计师的英文表达为“Structural Designer”，如果从其英文可以直译为“结构设计师”，由此引申为从事建筑结构设计的专业人士。结构设计师作为一种单独的职业名称，在日本的历史并不长。结构设计师一词在日本最早是由坪井善胜和木村俊彦先生所提出的，在杰克弗里德·歌德奥所著的《空间·时间·建筑》（太田实译 / 丸善出版 /1965）一书中，首次将居斯塔夫·埃菲尔作为专家并将其翻译为“结构师”。结构设计师（下文简称为“结构师”）的出现在日本主要基于以下两个社会因素。

第一个社会因素是日本独特的教育制度。由于在日本从事建筑领域的专业人士所学专业课程几乎完全一样，因此结构师和建筑师对建筑历史和建筑方案设计具有相同的知识背景。但是，在法国建筑师往往在专门的艺术学校进行专业的课程学习，而结构工程技术人员则在国立的土木工程学校进行专业学习，因而造成其专业技术人员能真正理解日本传统建筑精髓的人士是少之又少。

第二个社会因素是日本为地震多发的国家。由于日本在建造各种建筑的时候，十分注重建筑物的抗震设计，因而和其他国家相比，建筑师和结构工程技术人员的相互协作显得格外重要。正是基于这样的文化背景，才产生了具有日本特点的结构师。

尽管在日本建筑界已经广泛认同结构师这一相应的职业名称，但是在相关的辞书和辞典中还是查不到这一词条。日本正式使用结构师这一名称是在 1981 年，这一年日本首次召开了日本结构师研讨会。现在的社团法人日本建筑结构技术者协会（JSCA）的前身就是日本最早的结构工程技术人士的专业团体。尽管 JSCA 的会员可以以个人名义参加，但是要想成为其正式会员则“必须具有日本结构设计一级建筑师的资格，或者具有同等经验和业绩的专业人员”。1989 年该协会的名称由结构设计师改成了结构技术者并重新获得了社团法人的资格，以期能吸引更多优秀的专业人士加盟。现在该协会每年都举行评选表彰活动，对当年本领域的优秀作品进行评选,从中选出 3 ~ 4 件获奖作品授予其年度的 JSCA 奖。

2006 年成立了日本结构设计师俱乐部。日本结构设计师俱乐部成立至今，其正式成员中共有 27 人先后 15 次获得松井源吾奖。每年该俱乐部对当年本领域的优秀作品进行评选，从中选出 2 ~ 3 件获奖作品授予其日本结构设计师俱乐部奖。这些获奖建筑作品的结构设计者不仅仅是在结构工程技术领域有独到之处，而且在建筑作品上彰显其创造性的结构设计，所获得的荣誉也是当之无愧的。

结构师是人们对在建筑结构设计中做出突出贡献的结构设计者所给予的社会称号。

欧美的结构设计师

欧美著名的结构设计大师如居斯塔夫 · 埃菲尔、爱德华多 · 托罗哈、皮埃尔 · 路易吉 · 奈尔维、菲利克斯 · 坎德拉、巴克敏斯特 · 富勒都是结构设计领域中的先驱者。这些结构设计大师既不是普通的结构工程技术人员，也不是一般意义上的“建筑师”。与其他的建筑师和结构工程技术人员相比，他们在结构设计领域取得了彪炳史册的成绩。他们不仅是结构设计领域中的专家，更是结构设计领域中一言九鼎的权威。

居斯塔夫·埃菲尔是著名的铁道桥设计大师，他经营着一家集设计、制作、施工为一体的综合设计公司，其成员均掌握超一流的钢铁桥梁的设计技术，而居斯塔夫·埃菲尔更被人们誉为“用钢铁创造奇迹的魔术大师”。在 19 世纪后期欧洲产业革命大发展的时期，居斯塔夫·埃菲尔因其各种项目的设计方案在工程造价和施工工期上的优势，赢得了众多工程的设计资格，在世界各地至今仍还保留着他主持设计的诸多工程作品（参见图 1）。美国的巴克敏斯特·富勒也曾经营着自己的设计工程公司，他一生曾经历过上千个穹顶工程的设计和施工。意大利的皮埃尔·路易吉·奈尔维也拥有自己的设计机构，在他主持设计的奥林匹克体育馆和产业馆等大跨度的建筑作品中，他灵活地应用钢筋混凝土预制技术，将工程的技巧和建筑的优雅巧妙地结合在一起（参见图 2、图 3）。

［图1］玛丽皮埃尔铁道桥

设计方案在国际招标中脱颖而出，并得到实现，使居斯塔夫·埃菲尔蜚声世界。因此，被直接指定建造加拉比铁道桥。

他们三人都属于超一流的结构设计师，和建筑师一样在建筑领域中发挥着同等重要的作用。在日本技术欠发达的时代，想要进行特殊结构的设计必须依靠各大

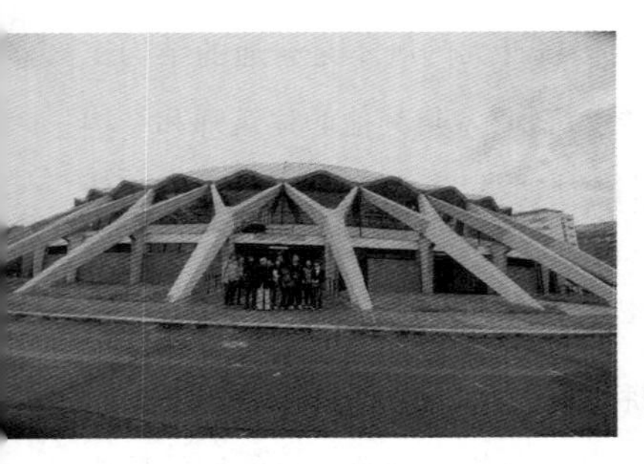

［图2］罗马小体育馆的外观

这座建筑采用了预制混凝土施工技术，通过肋拱使荷重均匀分散，充分发挥了钢筋混凝土塑造新形状和超大空间的潜能。人们坐在体育馆的座椅上仰望上空，体育馆顶棚就好似漂浮在天空中一样，让人深刻体会到了建筑和结构的完美融合。

［图3］罗马小体育馆的内部

小体育馆的穹顶宛如一张反扣的荷叶，由水泥预制的钢丝网菱形槽板拼装而成，预制成条条拱肋，形成沿圆周均匀分布的几十个“丫”形的斜撑，把荷载传到埋在地下的一圈地梁上，球顶下缘由各支点均分支撑，并向上拱起。人们从外部是难以想象小体育馆内部令人称奇的内部空间。

学专门从事结构研究的人士。坪井善胜教授就是那个时代从事结构设计的典型代表。当今的日本像坪井善胜这样杰出的结构设计大师是少之又少，从事结构设计的人士只是作为建筑领域中的一个组成部分在发挥着作用。在计算机技术飞速发展的时代，一些特殊领域中的传统分析技术正在日趋消亡，人们借助计算机使各种设计更加丰富多彩，同时也使过去只具有单一技术的工程师如今变得多才多艺。

奥帕·艾拉普既是结构设计领域中的先驱者，又是著名的结构设计大师。他多才多艺，早年曾专攻数学和哲学，后转向了工程设计，并最终成为了结构设计领域的权威。奥帕·艾拉普和约恩·伍重合作参加了悉尼歌剧院设计方案的征集竞赛，他们的设计方案最终获得了优胜。奥帕·艾拉普成立了自己的工程顾问公司（Ove Arup and Partners，即：OAP），为世界各地的建设工程提供咨询服务，该公司以高技术的服务而闻名于世界建筑界。

奥帕·艾拉普的弟子彼得·赖斯也参加了悉尼歌剧院的结构设计工作，并且彼得·赖斯还和建筑师伦佐·皮亚诺、理查德·罗杰斯合作完成了法国蓬皮杜艺术文化中心的结构设计工作（参见图 5、图 6）。彼得·赖斯曾先后和伦佐·皮亚诺、理查德·罗杰斯、诺曼·福斯特等著名建筑师进行合作，先后主持完成了世界上很多著名建筑的结构设计。尽管彼得·赖斯于 1992 年不幸英年早逝，但是彼得·赖斯不仅是 OAP 公司顶级的结构设计师，也是世界著名的结构大师（参见图 7、图 8）。

日本的结构师

日本的结构师一般就职于大型建筑公司的设计部、结构设计事务所的工作室和组织设计事务所的工作室。结构设计师不同于建筑师，是专门从事结构工程技术的专业人士。建筑师在其主持的宏大项目中，对建筑设计方案有着 100% 的决定权，对建筑设计的方案负完全的责任。

建筑师在日本属于自由职业者。凡从事自由职业的人士一定具备其专门领域的各种知识，一般不和别人产生雇佣关系，自己对自己的行为负完全的责任。在日本的艺术大师、医师、律师、建筑师、音乐师等被人们称为“师”的人士，其所从事的职业均可以被看成是自由职业。在欧美地区的建筑师受雇于专门的机构，从严格意义上而言，其不能被看成是真正的建筑师。由于他们最终的决定权属于雇佣他们的组织机构，因而相关的责任也完全由各相关机构承担，他们自身所承担的责任则十分有限。

[图4] 悉尼歌剧院的全貌

根据建筑大师约恩·伍重的设计方案，结构大师奥帕·艾拉普和彼得·赖斯完成了该工程的结构设计方案，并在施工过程中采用了后张法的预制施工方法。

[图5、6] 蓬皮杜艺术文化中心的正面/后面

整座中心被管道和钢筋所缠绕，钢架结构的梁、柱、桁架、拉杆等各种管线都不加遮掩地暴露在立面上，在其后部各种设备管线也暴露在外。人们从很远的地方就可以看到中心建筑的内部设备，五彩缤纷，琳琅满目。

[图7] 鲁诺公司的产品配送中心

其由建筑师诺曼·福斯特进行建筑设计，OAP公司的结构设计师彼得·赖斯则负责完成其结构设计方案。

[图8] 路易吉保险公司

其由建筑师理查德·罗杰斯进行建筑设计，OAP公司的结构设计师彼得·赖斯则负责完成其结构设计方案。该建筑和蓬皮杜艺术文化中心采用了相同的建筑设计风格。

根据上面对建筑师的描述，可以进一步地说明结构师的工作职责。考虑到日本的组织设计的模式，从事结构设计的人员一般均就职于大建筑公司的设计部门；这就意味着在这样的组织机构内，只有那些能有独立的决定权、独立的提案权并能完成优秀的结构设计方案的从事结构设计的专门人士，才能被称为是结构设计师。

在木村俊彦事务所的修行时代

就职

1968年正是本人大学刚刚毕业的时候，怀揣着早日能成为结构大师之梦想来到了木村俊彦结构设计事务所开始了我个人的职业生涯。一年之后，东名高速公路全线贯通；而两年之后的1970年，大阪的世界博览会也正式开幕；而在四年之前的1964年，本人刚迈进大学校园的时候，正是东京奥林匹克运动会召开之际，初到东京的本人对举国上下欢庆奥运会的场面依然记忆犹新。1968年恰好处于东京奥运会和大阪世博会两个日本战后最大事件的交织之际，对于当年怀着能早日成为建筑师或结构设计师理想之梦的年轻人，深深感到能置身在这激情迸发的时代中的自豪。

在举办东京奥林匹克运动会的背景之下，日本全面开始了东海道新干线、首都高速公路、地下铁路等交通基础设施的建设。为了能顺利举行大阪的世界博览会，日本关西地区也开始了类似的全面基础设施建设。成功举办东京奥运会，是向全世界展示日本已经医治了战争的创伤、开始全面复兴的最佳标志；而举办大阪世博会，则是日本向全世界展现其高速增长的经济实力。成功举办北京奥林匹克运动会和上海世博会的中国，和40年前的日本有着惊人的相似，现在各项建设蓬勃发展的中国使本人仿佛看到了当年经济高速增长时期的日本。

当年为了举办东京奥运会，日本拆迁了大量的老旧木结构住宅，兴建了许多公共性建筑设施，拓宽了市中心的各种道路，新建了全部的比赛场馆。尤其是建筑大师丹下健三先生所设计的代代木体育馆，是日本锐意进取精神的集中体现，为日本在世界建筑界赢得了广泛的声誉。时至今日，国际上仍将丹下健三先生看成是“世界的丹下”。

代代木体育馆由于其整体构成、内部空间以及结构形式，采用当时世界上罕见的高张力缆索的悬索结构，形成了大跨度的屋顶构造。因而对当时的日本年轻人产生了震撼般的冲击，使人们对建筑的有了崭新的人认识。日本现代建筑甚至以此为界，划分为前后两个不同的历史时期。

本人在木村事务所工作期间，结构大师坪井善胜先生与建筑大师丹下健三先生合作完成了代代木体育馆的结构设计，坪井善胜先生此后又多次和丹下健三合作，给日本留下了很多经典的建筑作品。坪井善胜既是一位学者，同时又是一位结构大师，曾担任过日本建筑学会的会长，获得了日本建筑领域最高的学术地位。本人在六本木的东京大学生产技术研究所的研究室毕业实习期间，曾获得过在坪井研究所进修学习的机会。

当时坪井研究室负责大阪世博会主体工程的结构设计，其代表着当年日本最先进的结构设计水平。有一天，本人十分冒昧地向坪井先生提出想去木村事务所工作，请他从中斡旋。坪井先生回答本人“请你等我的消息”，不久我就接到了木村先生的电话，本人的工作问题就此解决了。当时的日本是战后复兴的最后时期，整个建筑业也处于兴旺时代，有志投身建筑业的人士几乎可以全员就业。当时就业的年轻人几乎不问岗位，一心向往的是大机构、大企业。而立志去木村事务所的工作室欲大展宏图的青年人，恐怕也只有本人一人。

最初的工作是参与大阪世博会基础设施的设计

1968 年 4 月本人刚刚参加工作不久，事务所就同时承接了世博会主体

［图9］住友童话馆［1］
六根立柱分成三组，从地面上可以看到球顶的结构。

交通枢纽设施（即：地铁的世博会车站）和住友童话馆（参见图 9 ~ 图 13）两项工程的结构设计工作。当时承担这两项工程的工作人员只有四人，其中还包括了我这位刚刚入职不久的新人。当初任务的繁重、工作的难度、人手的紧张是现在的年轻人完全不可想象的。当时还没有电子计算器，更谈不上什么计算机了，只能借助计算尺和数学用表进行大量的数据计算；简单的加减乘除运算基本上借助计算尺，而复杂的运算只能借助数学用表徒手进行计算。今天很多尺寸的设计，可以直接通过数表获得相关的设计数据；利用专门的数表可以大幅度地压缩计算时间和减轻计算的工作量，获得所需要的设计数据。今天进行数据计算的工作量只有当年手工计算量的十分之一，完成同样的工作其工作量已经大大地减少了许多。

［图10］住友童话馆[2]

可以看到球形和立柱的详细构造，甚至可以看到隐藏的铰链结构。

［图11］住友童话馆[3]

可以看到建设中的多层穹顶结构。

［图12］住友童话馆[4]

可以看到球形下部的构造。

［图13］住友童话馆

将球形空间紧紧地固定，就如同其浮游在半空中一样。

在还没有普及 CAD 技术的 20 多年前，凡进行结构设计的时候，一般先采用铅笔在描图纸上绘图；在现场施工时，用感光纸对照原图进行晒图复制。如果要更改设计，则是一件十分麻烦的事情。首先需要用橡皮涂掉需要修改的线条，然后再进行绘制。如果进行大面积地修改，则需要重新绘制图纸。最初完成的数张结构设计图纸往往被称为"标准结构图"，图纸上标注着结构材料的规格、式样和相关标准的数据。本人刚开始工作的时候，主要是在住友童话馆的设计图上标注相关的注解和使用说明。木村俊彦先生曾经在本人绘制的图纸上用铅笔批注"梅泽君的文字漂亮、注解说明清晰"，当年能得到木村先生的认可真是件令人十分高兴的事情。

我至今还记得当年一天从早到晚都是在绘制图纸，可是经过一天的紧张工作，也仅仅是绘制完成数张标准结构设计图。正是在木村俊彦先生的倡导下，本人在日本同类的事务所中率先使用 CAD 设计技术，并且成为大力推广 CAD 技术的一个重要因素。

两年暑期的实践旅行

1969 年 7 月 21 日，阿波罗 11 号飞船在月球表面上登陆，这是人类历史上首次登上月球。当电视直播中传来尼尔·奥尔登·阿姆斯特朗在登上月球时发出第一句声音："这是个人的一小步，却是人类的一大步"时，地球上数以亿计的人们屏住呼吸在电视机前见证了这一激动人心的时刻。

那个时候本人正在度假，正在从纪伊半岛的伊势前往志摩的旅程之中，在就餐的时候从食堂的电视机里看到了这一令人瞩目的时刻。当时大阪

14］伊势神宫内宫
以看到芭茅草覆盖的悬山式屋
、立柱、横梁、栅栏等结构。

［图15］伊势神宫外宫
可以看到外宫栅栏上的木条为水平方向，而内宫栅栏上的木条为垂直方向。

世博会的美国馆已经决定将展示从月球表面取到的部分岩石样本，而我当时旅行的目的就是前往大阪世博会施工工地进行现场实习。那个时候大阪世博会各项基础设施的设计工作已基本完成，世博会预计一年之后将如期举行，整个工程已经进入施工会战的倒计时最后阶段。

本人当时在伊势旅行的另一个目的是参观伊势神宫（参见图 14、图 15）。伊势神宫是日本历史最悠久的传统木结构建筑，其祭祀的是皇祖神（即：天照大神）。伊势神宫也遵循“式年迁宫”的传统，每隔 20 年将神宫拆除再重新复建。根据日本史书记载迄今约 2000 年前修建的伊势神宫的内宫，在大约 500 年后又修建了外宫建筑。下一次的“式年迁宫”是历史上第 62 次，预计在 2012 年实施。迁宫的主要目的是为保持宫殿清净、庄严，以及提高伊势神宫建筑的使用期限，此外也能传承日本传统的建筑技术与施工工艺。内宫正宫的旁边有一块与正宫占地面积同样大小的空地，迁宫时需要将原先的旧建筑拆除，将建筑材料存放在空地上，然后再在旧址上按原样将宫殿重新兴建起来。在兴建的过程中尽可能地再利用原有的木制建筑材料，例如，正殿的立柱、宇治桥的牌楼等。

整个宫殿建筑以日本人储藏稻米的高架式粮仓为原型，采用人字形的悬山式屋顶结构并用芭茅草覆盖，宫殿的立柱、横梁、墙壁、栅栏全部采用天然的木制建筑材料。从外宫至内宫有数道栅栏和围墙，形成了层层空间，外墙四周设有牌坊；正殿高出地面、四周由木制的墙壁环绕，形成了“神明造”的结构，构成了抗震性良好的木结构建筑；宫殿的地基全部为坚硬的砂石，立柱的柱脚埋在距地面 1m 的深坑中，故而立柱十分牢固。由于立柱受到来自深坑和墙壁两个方向的固定作用，因此宫殿的建筑构成了刚性的木质框架结构。

屋顶的载荷通过脊檩→椽子→檩→梁→立柱→墙壁→房基最后传到地面。埋在深坑中高出地面的立柱承担着主要的支撑作用，而墙壁也对屋顶的荷载起着重要的支撑作用。四周的墙壁采用插接的连接方式，并且由于负荷的缘故使墙壁常年保持压缩的状态。由于木材制作的墙壁在干燥条件下具有容易收缩的特性，因而安装木制壁板时要事先考虑好出现缝隙时的应对方案。立柱的柱头部和横梁之间的连接处也要留有几个厘米的间隙，当木质壁板因干燥收缩达几个厘米时，整个负荷就有可能全部加载到立柱之上。伊势神宫宫殿的立柱给人留下粗壮而高大的印象，整个宫殿的全部负荷好像全部由立柱承担。当人们看到宫殿的立柱时，立柱仿佛向人们倾诉着久远的传说。日本这种世界上所罕见的“式年迁宫”的建筑方式，也使得日本传统的工程施工技术能不断地传承下来。

新陈代谢运动

新陈代谢用英语表示为"metabolism"。1960 年日本年轻的建筑师和城市规划师黑川纪章、菊竹清训、桢文彦、大高正人等人在建筑界开展了一项变革运动，他们提出城市规划和建筑设计要有机地适应人口不断集中、社会不断变化的飞速发展的时代，这场运动也被称为日本建筑领域中的新陈代谢运动。

黑川纪章提出城市和建筑不是静止的，而是像生物那样在进行新陈代谢运动,始终处于动态的过程之中。并且他提出了"变形"的概念和"点式刺激法"，他预言未来的建筑将以"建筑作为一种结构"。黑川先生在设计中银舱体大厦（东京银座 /1972 年竣工）时，提出了将大厦设计成主体结构和分装式舱体的设计方案。即先建造永久性的结构，然后再插入居住舱体，而后者可以随时更换。这样就克服了建筑物的主体结构和设备寿命不一样的通病。采用这种新陈代谢的设计思想，首先要对主体建筑的基础和构造进行先期施工，并对主体结构建筑的未来要有足够的预期；如果后期不再进行改建或增加配套的建筑，则对主体结构前期的工程投入就会造成很大的浪费。

新陈代谢运动的主导者之一大高正人先生是日本知名的建筑师，他曾经主持过广岛基町・长寿园高层公寓的建设项目。该住宅工程毗邻流经广岛市的太田川，整个工程由 8 至 20 层的建筑群构成，能够容纳 4500 户居民入住，是一个规模很大的高层住宅小区。住宅建筑和南北流向的河流形成 45° 角，后续兴建的住宅建筑逐一呈雁形展开（参见图 16、17）,充分展现了新陈代谢流派的建筑布局风格。本人在大阪世博会之后，承担了部分广岛长寿园高层住宅的结构设计工作。

［图16］广岛长寿园高层公寓建筑群
位于太田川沿岸逐一而建的长寿园高层公寓建筑群。建筑物的表面采用耐候性良好的建筑材料进行装饰。

［图17］广岛长寿园高层公寓建筑群的平面布局图
整个住宅区被西面的太田川和东面的公路所环绕，布局巧妙的住宅规划既可以保证居民能眺望周边美丽的环境，又能确保各家各户具有相对的私密性。

广岛基町·长寿园高层公寓的结构设计

广岛是日本的和平之城。但是直到第二次世界大战已经结束 25 年后的 1970 年，也就是举办大阪世界博览会之际，广岛市原子弹的受害者依然居住在位于太田川两岸的贫民窟之中，这是战后的广岛乃至整个日本都需要亟待解决的社会问题。

作为复兴广岛的最后乐章，建设高层住宅区的规划已经列入政府迫切需要解决的事项之中。1968 年广岛市政府开始启动大规模住宅建设的工程项目，期望以一揽子的方式彻底解决遗留已久的住宅问题（参见图 18）。

该项工程的设计者大高正人先生是木村俊彦先生当年在前川事务所工作时的同事，大高正人先生同时还是大阪世博会正门的设计者。大高和木村先生先后协作完成了千叶县县立图书馆、千叶县农协等建筑的设计工作，日本各地到处都有两人合作设计的各种知名建筑。

大高正人先生聘请木村俊彦担任结构设计师，主持基町的青木繁、长寿园项目的结构设计工作。两个住宅小区预计建设的住宅为4500套，入住人口可以达到15000人，相当于一个小规模的城市。本人在此后两年的工作中，一直承担着长寿园高层公寓的结构设计工作。

长寿园位于太田川的上游，毗邻广岛的和平纪念公园。长寿园的建筑沿河川呈蛇形排列，本人主要承担长寿园地区12至14层公寓楼的结构设计工作，住宅总套数达到了1500套。

从1971年至1974年的四年间，即从长寿园的一期工程到其三期工程，每年的夏天本人都要到广岛市该住宅工程的施工现场去工作。当时日本尚未开通通往大阪的山阳新干线，因此每次都在傍晚6点钟左右、本人结束了当天事务所的工作之后，乘坐夜行的卧铺列车于次日的早晨到达广岛。在经过短暂的洗浴休憩之后，立即赶赴施工的现场，连续三年都是这样一种工作模式。如果需要对工程进行修改或变更设计方案时，往往还要在广岛市滞留数日。每逢此时我就会同大高事务所的同仁们在夜晚一边畅饮，一边交流建筑设计方案。当年的年轻人聚在一起时的意气风发的场景至今让人难以忘怀！

每跨度单元由4根钢材立柱围成9.9m×9.9m的正方形，两楼层之间的高度约为6m，钢架结构主梁位于偶数层形成刚性的构架，构成一户跨两层的空间布局结构（参见图19～图21）。

每层住宅的高度尽可能地控制在3m左右，每个跨度长度约为10m左右，为高度的3倍之多，梁、柱之间构成了刚性的框架。由于每个公寓单元的楼层总高度达到了6m，位于中间的奇数层采用了抗震结构的副梁，而

［图18］广岛长寿园高层公寓[1]完工时的场景
高层住宅的阳台采用预制的施工方式，这种施工模式大大降低了工程造价。每一个阳台构造分隔成两户使用。

［图19］广岛长寿园高层公寓[2]施工时的场景
每基本跨度单元由4根立柱围成9.9m×9.9m的正方形，形成一户跨两层的公寓单元结构。钢架结构主梁位于2、4、6等偶数层，而钢筋混凝土副梁位于3、5、7等奇数层。

偶数层的钢架结构主梁和支撑的立柱均采用了钢筋混凝土的结构，因而每个公寓单元均形成了刚性的大构架。

为了保证立柱和横梁之间能顺利连接，其接口设计也为后续的焊接作业预留了操作的空间。采用一户跨两层的刚性构架，在一定程度上也使该住宅工程能产生更大的经济效果。钢材立柱的断面为 600mm×600mm 的正方形，钢结构主梁的宽度为 900mm，主梁采用预制的施工方式，里

［图20］广岛长寿园高层公寓[3]施工时的场景

这是住宅建筑施工时的一个场景，阳台采用预制的施工方式，可以清晰地看到一户跨两层的结构设计。

［图21］广岛长寿园高层公寓[4]施工时的场景

可以清晰地看到柱身的结构。每个跨度单元均为钢筋混凝土框架结构，并为实现新陈代谢的设计思想预留了施展的空间。

面浇筑了具有防火性能的混凝土。整座住宅建筑也采用了新陈代谢的设计风格，每个公寓单元构成了刚性的框架，对其中的某一单元采用抗震加固或进行单独改造，也具有可操作的单独空间。施工时可以先将主体结构和局部空间进行分隔，然后逐一进行作业，故而提高了每一单元的使用性和耐久性。从这一点就可以看出，整座住宅工程从设计之初就渗透着新陈代谢的建设思想。

深入现场实地考察

1970 年在大阪世界博览会召开之际，阿尔及利亚的建设部长科罗奈尔·亚西西参观了世博会。科罗奈尔是从法语“Colonel”一词翻译而来的，其属于专门的军事术语，表示“上校”的意思。1962 年阿尔及利亚从法国的殖民统治下获得了独立，由于当时阿尔及利亚赢得独立还不足 8 年，因而还保留着用独立战争时代的军衔进行称呼的传统。

当阿尔及利亚建设部长参观到世博会的御祭广场的时候，深深地被广场的设计所震撼。当他知道广场的设计者是丹下健三先生的时候，执意要求访问位于东京的丹下事务所。亚西西部长诚挚地邀请丹下先生去主持阿尔及利亚的阿尔及尔、奥兰、君士坦丁三个主要城市的规划建设及 3 所大学的设计工作。丹下先生认为同时做三个难度很大，只允诺接受奥兰大学的设计工作。当时由日经新闻发表的丹下先生所撰写的《我的履历书》中记载了这一事情的经过。

1973 年 4 月下旬，双方开始全面启动奥兰大学的设计工作。被决定承担建筑、结构、设备等设计工作的人士需要远赴阿尔及利亚，深入现场进行实地考察。丹下先生决定聘请木村俊彦先生担任奥兰大学的结构设计师。那个时候，前辈渡边邦夫已经能独立开始主持结构设计工作，当年 29 岁的我已经成为木村事务所的项目主管，并被木村先生指定作为该工程项目的结构设计负责人。

尽管当年的日本还处于经济飞速发展的时代，但是日元还不是硬通货，还执行着 1 美元兑换 360 日元的固定汇率。出国之前每个人先要在日本国内兑换好美金，每个人一次兑换美金的数量是有额度限制的，美元当时在海外是最受欢迎的硬通货。本人当时是第一次赴海外考察，在羽田机场飞机尚未起飞时，我已经就心潮澎湃，久久地不能平静。我们一行受到了阿尔及利亚方面的热烈欢迎。

1973 年不仅对日本而且对世界而言，均是一个新纪元的开始，生活在地球上的人们第一次真正认识到能源问题的重要性。1973 年秋天爆发了阿拉伯国家同以色列之间的第四次中东战争，失败的阿拉伯世界面对危机成立了石油输出国组织（即：OPEC），并采取统一的措施共同将石油价格提高数倍，利用石油作为武器给世界经济带来了巨大的冲击。

当年日本也深受石油危机的影响，当时日本全国还曾经一度出现疯狂抢购卫生纸的事件。由于当时的物价急速上涨，日本部分经营者被迫进行产业调整而造成了日用品供应不足，因而出现了全国抢购卫生纸的风潮，使得很多商店的卫生纸被抢购一空。由于日用品的供应紧张，加上投机商的兴风作浪，使得抢购风潮在当年此起彼伏。因而造成了很多商品价格大幅度飙升，出现了严重的通货膨胀现象。工程施工所需的各种建筑材料的价格也极剧上升，追加的工程预算已经超过了正常允许的范围，同时人工的费用也不断攀升。在本人的记忆当中，当年我的工资一下就曾经增加有 30% 之多。遭受过石油冲击的日本人，大多数都是从那个时期开始特别关注阿拉伯世界所发生的一切事情。

我们远赴阿尔及利亚进行实地考察奥兰大学的工程现场的时候，正处于这一动荡的时期（参见图 22）。我们作为承担结构设计的工作者，实地考察的目的是要了解施工现场的地形地貌、当地钢筋和水泥的品质、当地的施工方法和技术水平（参见图 23）、发生过地震的年代和强度、风速的观测记录、当地的设计标准、工程的监理状况、建设工地的实际状况等诸多事项。

本人和木村所长在实地考察期间，受到了阿尔及利亚当地工程技术人员的热情款待，每天的日程安排很满，在实地考察的同时还进行了游览观光。不同的文化背景更增加了我们的好奇心和探索的欲望，奇异的阿拉伯文化至今难以忘怀。在阿尔及利亚通用的语言为阿拉伯语，在日常生活和工作中也使用法语，但是基本上不怎么使用英语。由于木村先生

［图22］奥兰大学的工程用地（1973年）
工地属于较平缓的丘陵地带，工程用地十分宽阔。

［图23］当地的施工方法（1973年）
当地和建设相关基本产业很少，只能借助传统的技术进行施工。

曾经是布鲁塞尔世界博览会日本馆的结构设计师，并有派驻过当地的实际经历，因而在阿尔及利亚现场考察的过程中，木村先生可以使用法语和当地的专业人士进行交流。

当年的阿尔及利亚结构设计标准全部采用的是法国的标准。阿尔及利亚地处非洲北部，由于其历史上也曾经遭受过强烈地震的袭击，因而也属于需要采用抗震标准进行工程结构设计的区域。当地的钢筋基本上是从法国或欧洲其他国家进口的，而水泥则是阿尔及利亚国内自己生产的。结构设计和防水施工在当地被称为“CTC”（即：Control Technique de Construction），必须通过专门的建设工程控制技术机构的审核。阿尔及利亚实施和法国一样的建筑工程保险制度，建设单位必须向保险公司投保，保证所建工程在 10 年之内其结构和防水不出任何质量隐患。

奥兰大学的结构设计

回国之后大约花费了将近一年的时间，才完成了奥兰大学主体建筑及其附属设施（150000m²）和三座学生宿舍（100000m²）的工程设计，工程的总面积达到了 250000m²（参见图 24 ~ 图 26）。不久之后，在同一区域又进行了奥兰大学医学部及其附属医院（130000m²）、奥兰建筑大学（14000m²）的工程设计，整个校区的工程设计工作一直到 1975 年才宣告结束。

在我考察回国的半年之后，在丹下事务所的内部设立了木村事务所的特别工作室，我每天一直在丹下事务所的特别工作室和设计团队进行奥兰大学的结构设计工作。当时的设计团队除了有两位来自阿尔及利亚的建筑师之外，还有来自英国、意大利、墨西哥、黎巴嫩等地的建筑师加盟，丹下事务所的设计团队充满着国际合作的氛围，工作场所也一直被愉快的气氛所笼罩。

奥兰大学的设计方案也体现着新陈代谢的设计思想。每一个建筑单元的平面上都设计了四座分为两组的立柱，立柱之间的宽度为 21m，上面架设了 82cm 宽的预应力的横梁，并为后续的工程预留了操作的空间。

奥兰大学学生宿舍的结构设计

奥兰大学的学生宿舍采用了在法国传统住宅建筑中被称为“奥姆尼亚”（即:OMNIA）的壁面结构设计，其跨度为 7.2m 的无梁板的结构体系（参见图 27、28）。即首先建造间距为 7.2m 而厚度为 25cm 的墙壁，其顶部突出的壁檐如同羽毛球拍一样；在墙壁之间再采用奥姆尼亚的结构，采用这样的结构体系就好像在薄壁和薄面之间采用了近似隧道一样的结构，在没有立柱和横梁的情况下，也实现了建造居住性良好的空间设想。由于欧洲并不像日本那样频发地震，因而除了高层建筑之外一般不采用刚性的框架结构。凡 10 层左右、壁厚 15cm 的集体住宅均采用普通的结构形式。

［图24］奥兰大学的工程设计（1973年）
在两组的立柱之间架设有宽1.75m、长21m的预应力的横梁，并在壁面上开设有沟槽。

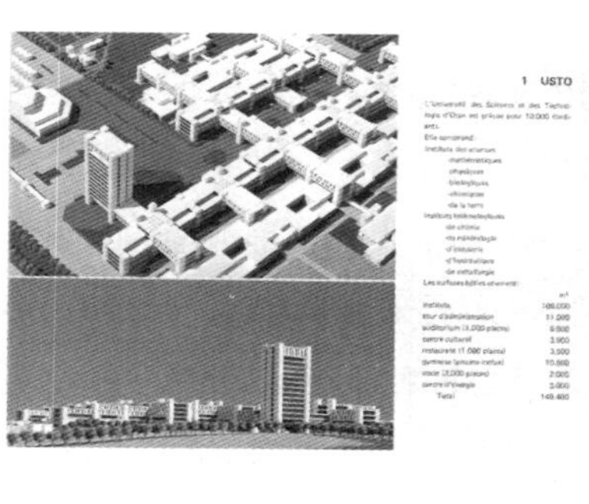

［图25］奥兰大学（宣传册的插图）
宣传册中介绍该大学理学部和工学部的学生总数共计有10000人，学校总建筑面积为150000m²。

［图26］奥兰大学学生宿舍的模型照片
该区域规划建设有三座学生宿舍，其中之一为女生宿舍。

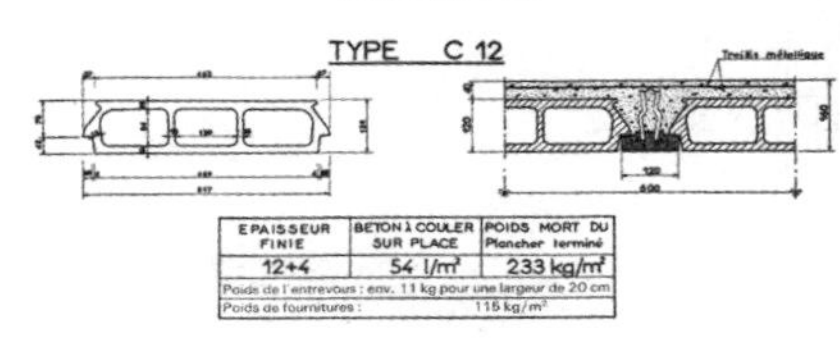

[图27、28] 奥姆尼亚板的结构

奥兰大学学生宿舍的壁面结构采用抗弯曲的砌块构造，砌块中间可以填充材料，在受到振动时能吸收相应的能量。

但是，我在奥兰大学学生宿舍的最初结构设计方案中也还是采用了刚性框架的结构设计。在完成结构设计并编制配筋图之后，丹下先生看到了结构设计图，马上将木村先生和我叫到了丹下事务所。丹下先生毫不客气地说：“这种结构怎么能设计成一体的呢？这样的结构设计只有在欧洲的仓库中才能看到”。木村先生指出西萨·佩里设计的美国驻东京大使馆的馆舍也采取了类似的结构，也认可这是一个“不太好的结构设计”。我是这个结构方案的主要设计者，由于我的经验不足和功底不扎实造成了这样的局面，随后我对设计方案进行了必要的修改。

这次事件之后我在设计过程中尽量避免采用刚性框架的结构设计，在后来的结构设计中也很少采用类似的结构设计方式。

3 在丹下健三事务所的海外工作

作为奥兰大学的设计监理被派驻阿尔及利亚

1978 年 2 月 ~ 1983 年 8 月，本人被长年派驻阿尔及利亚。由于我在木村俊彦事务所承担了奥兰大学的结构设计工作，并曾经有赴阿尔及利亚实地考察的经历，因而我受丹下健三事务所的派遣担任了奥兰大学的设计监理，并被派往阿尔及利亚的奥兰市开始新的工作与生活。本人从 33 岁开始了有生以来 5 年半的外国生活和工作的经历，这对我后来的人生也产生了十分重要的影响。在本人出国之前，我在日本已经积累了长达 10 年的工作经验，这对我独自一人在国外解决结构设计中可能出现的问题有很大的帮助。

阿尔及利亚民主人民共和国是于 1962 年从法国的殖民统治下独立出来的一个新兴国家。就如同电影《阿尔及利亚之战》中所描绘的那样，阿尔及利亚族引以自豪的是其为非洲唯一一个通过武装斗争从殖民者手中获得独立的国家。在 1954 ~ 1962 年的独立战争期间，有 100 万的阿尔及利亚人献出了生命。130 年间在阿尔及利亚有大量定居的欧洲移民的后裔，他们被当地人称为“colon”；在阿尔及利亚独立后，这些欧洲移民后裔中有 100 万人离开，他们所放弃的农田、工厂、住宅、土地全部被新政府收回。

1978 年 2 月当本人携带只有 2 岁的长子和妻子一家三口抵达奥兰的时候，正是阿尔及利亚摆脱法国殖民统治后的第 16 个冬天。在我们全家安全到达奥兰机场之后，才发现出国时从日本携带的两个旅行箱并没有同机抵达。我们从东京的羽田机场离境之后，途中曾在位于法国的丹下健三事务所的巴黎办事处停留过一周，并处理过一些公司的事务。在此期间，相关的行李曾寄存在我们入住的宾馆，或许宾馆方面出现了某些偏差？在全家滞留巴黎期间恰遇寒流的袭扰，妻子或许由于远途旅行的劳累，不幸患上了流行性感冒，这也是我还未到达目的地之前所遭遇到的小灾小难吧。两个旅行箱在 3 周之后被送到了奥兰市，而在这 3 周期间，本人就穿着身上只有的一套正装在陌生的国度进行工作和生活。这也是我们全家在异国开始新生活中的一段小插曲。

在阿尔及利亚工作的 5 年半期间，本人全家一直居住在奥兰市。由于施工现场过于分散，麻烦事层出不穷，因而本人经常要往返于奥兰、阿尔及尔、君士坦丁等三个主要的城市，有时甚至和家人团聚或休息的时间都没有。当时的阿尔及利亚将 100 万的欧洲移民的后裔离开之后，整个国家和社会的秩序受到了很大的冲击，因而需要更长的时间重新构筑稳定的社会基础。

同样的技术国际上并不通用

本人曾一直认为技术在全世界应当是通用的，但是通过在阿尔及利亚的工作经历，才使我认识到技术的应用往往要体现不同地方的特色。

例如，依照日本的标准和依照法国的标准同样计算钢筋混凝土横梁中的钢筋的用量，其结果是完全不一样的。造成这种计算用量不一的根本原因，是日本和法国的标准允许混凝土发生应力弯曲的规定范围相差 2 倍。法国允许每单位混凝土发生应力弯曲的标准依照相应的函数而定，而日本的标准则是采用一定量的允许压缩应力值。当弯曲曲度为零的时候，两种标准的数值是完全相等的；但是一旦出现大曲度的弯曲时，法国标准所允许的数值要比日本标准的高出数倍。依照法国的标准在很多情况下无需考虑钢筋的压缩量，考虑钢筋的拉伸量的情况也不是很多。

由于每个国家的历史和技术不同，因而造成了工程的施工方法和完成施工设计图的方法也存在着很大差异。在日本，工程技术人员都要绘制工程的剖面图表，并详细地说明钢筋正确的加工方法和配筋的组装方式；但是在国外就没有"需要说明的图表"，也没有钢筋的加工图，更谈不上如何对钢筋进行加工和组装的问题。这里也涉及如何对钢筋工实施教育的问题。日本的钢筋工一般都掌握较高的技术技能，自己就能绘制简单的钢筋加工图，并可以依照图纸正确地对钢筋进行加工和进行配筋工作。

不同的国家完成工程施工图的方法也不尽相同。奥兰大学的工程施工图全部是由鹿岛建设设计部绘制完成的，在本人记忆当中，当年的整个奥兰大学工程约绘制了2000多张工程施工图。在当时没有CAD的情况下，全部都是依靠手工绘制完成的。这些工程图完全是按照日本的施工模式进行绘制的，分成了平面图、结构图、施工图、配筋图等不同类型。根据这些图纸可以完整地表现建筑物的实体，依此计算整个工程的造价，并依照工程图编制相应的施工组织方案，可以预知未来的工程结果。

但是科学技术的发展是构筑在不同地区的历史和文化基础之上，是和该地区的产业和经济的发展紧密相关联的。特别对建筑技术而言表现得更为明显，通过在海外的工作经历，使本人更能深刻地体会到如何认识不同地区和日本之间所存在的巨大差异的重要性。

10年保险制度

在阿尔及利亚，工程施工单位必须向保险公司投保其所建工程项目 10 年的结构和防水工程质量。在得到保险公司的认可之前，施工单位的工程图纸必须一张一张地经过被称为“CTC”机构的审核，在整个工程的施工过程中也必须接受其随时可能进行的检查。

阿尔及利亚和欧洲一样都是对工程建筑实行 10 年保险制度的国家。欧洲地区主要由民间的保险公司向工程的施工方收取相应的保险金，并对工程建筑的结构及防水质量提供 10 年的保证。

尽管阿尔及利亚是社会主义体制的国家，相关的建筑保险事宜由相应的国家机构来负责运营，但是在阿尔及利亚 CTC 工作的技术人员，基本上是非阿尔及利亚籍的人士。在阿尔及利亚工作期间，本人曾经多次和来自法国、希腊、波兰、苏格兰等地区的 CTC 技术人员就工程理论发生过激烈地争论。由于他们都和 CTC 签订了工作合同，工作期满后就回归各国，因而要让他们认可日本人设计的工程图难度很大。特别是奥兰大学的工程项目规模极大，为了能获得 CTC 的审核通过，我们曾花费大量的时间准备工程的说明书和相应的支撑资料。

当时为了让奥兰大学工程的热应力这一个问题能审核通过，我们就曾耗费了大量精力和 CTC 反复地进行辩论和研讨。

奥兰大学呈长方形的平面布局，长度为 400m。每隔 70m 需要设置隔断施工缝,其目的是将建筑物隔断,以解决热应力所引发的工程质量问题。就是在奥兰大学狭长形的工程中，其长度也达到了 122m，也面临着如何解决热应力的问题。依照法国的标准，当外界温度发生变化的时候，所产生的热应力变化会引起混凝土发生收缩或膨胀，因此设定了隔断的标准，以解决混凝土随温度发生变化而产生形变的问题。但是日本却没有这样相应的标准。按照法国的标准，在气候干燥的地区由于温度变化很大，需要每隔 25m 设置隔断施工缝；在气候湿润地区或气候温差变化不大的地区，可以每隔 50m 设置隔断施工缝。

奥兰大学一般采用每 50m 设置隔断施工缝的方式。如果在工程中不遵循这一标准，则需要根据具体情况计算热应力的变化值，确定应对的方案。例如在柱身和柱身之间如何设置横梁，就需要预先建立模型，通过方程式的运算来确定节点的位置。

尽管本人知道通过矩阵的方式笔算可以求解多个多元一次方程式，但是却从来没有求解 22 元方程式的经历。我们曾在绘图桌上摊开一张大的绘图纸，在上面抄列 22 行 ×22 列的矩阵方程，再在台式电子计算机的程序中输入相关的数值，然后将其变换成三角矩阵。当我们将设定的方程式输入进行运算之后，再经过左右之间的验算得到确认时，那种成就感不由自主地从心底迸发出来。

在计算横梁的轴应力和柱身的弯曲应力时，也需要考虑到热应力的变化因素。在长 122m 的构造体中其热应力所衍生的各类问题也同样不可小觑。

本人在阿尔及利亚工作一年半之后，工程图中有关结构设计的说明书才得到了初步的认可。在阿尔及利亚工作的五年半期间，不断地和 CTC 进行交涉成为我工作的重要组成部分。就是在我回国之后，也曾为了打开和 CTC 的僵持的局面，又两次再赴阿尔及利亚帮助前方去解决问题。

负责三处工地的工程监理

本人被丹下健三事务所派驻阿尔及利亚工作期间，除了作为奥兰大学的设计监理之外，还负责阿尔及尔、君士坦丁等大学的学生宿舍的工程监理工作（参见图 29 ~ 图 31）。

［图29］奥兰大学学生宿舍施工时的场景[1]
5层的高层建筑和2层的低层建筑共计4座，这些建筑围成了一个菱形的院落。工程在设计时就为后期的发展预留了空间，这些建筑物的顶部日后均可以再盖加层。

［图30］奥兰大学学生宿舍施工时的场景[2]，钢筋工正在施工。
钢筋工正在进行配筋施工。由于钢筋笼之间的间距为60cm，因而中间可以放置砌块，以减轻建筑物总体的重量。

［图31］奥兰大学学生宿舍施工时的场景[3]
每跨度之间的距离为7.2m，墙壁之间的厚度为25cm，横梁和跨板的厚度为30cm。由于该工程采用类似预制隧洞的施工方式，从而极大地提高了整体的工程效率。

本人作为这些工地的施工监理，需要每个月向文部省提交报告书并请求追加工程设计的监理费用，因而我的日常工作除了负责事务所的监理工作之外，还有很多和财务相关的事务。为此我每个月至少有两三次要前往阿尔及尔和君士坦丁，去处理和结构设计毫不相关的事务，而这些额外的工作量却年复一年地在不断增加。

最初丹下健三事务所和本人商定在阿尔及利亚工作的期限为两年，但是整个工程进展十分迟缓，弄得我身心疲惫并感觉工程看不到尽头。在历经5年半之后，我才拖着疲乏的身躯回到了日本。

[图32] 奥兰大学，柱身施工时的场景（1982年）

这是两组柱身施工时的场景。柱身的直径为5.25m，柱身之间的间距为17.5m，楼层间的高度为3.675m。

[图33] 最初架设的横梁（1983年）

在1983年夏天回国之前的5年半期间，我曾登到每个柱身之上进行施工监理。在我回国的3个月后，架设横梁的工程才告完成。

［图34］工程现场[1]（1984年）
这是本人回国之后又再赴阿尔及利亚时的工程现场。可以看到2层的实验教学楼，跨度为10.5m的刚性框架结构，采用了预应力的横梁构造。

［图35］工程现场[2]（1984年）
可以清晰地看到柱身之间的跨度达到了21m，所架设的横梁宽度为82cm。

［图36］工程现场[3]（1984年）
可以看到左右分成两组共计4座柱身的结构。采用这样的结构设计体现了新陈代谢的设计思想，为未来像阿米巴虫一样的扩张预留了发展的空间。

［图37］工程现场[4]横梁
这可以清晰地看到教室的基本构造，这样的结构设计更增添了建筑物的空间立体感。

1983 年 11 月奥兰大学工程中的柱身之间架设横梁的工作才告完成，这已经是本人回国 3 个月之后的事情了（参见图 32 ~ 图 37）。在此之后整个工程才逐渐进展顺利，至 1985 年底奥兰工科大学的主教学楼的整体工程也顺利完成。此时我从 1975 年进入到丹下事务所从事该工程的结构设计已经有 10 年（参见图 38、图 39）。

整个工程为什么会进展得如此缓慢呢？第一个原因是阿尔及利亚还没有建立成熟的产业基础。尽管 1972 年启动奥兰大学工程设计工作的时候，当时的阿尔及利亚已经独立 10 年了。但是在独立战争期间被破坏的产业基础在短期内难以重新建立起来。第二个原因是体制的因素。独立后的阿尔及利亚所采取的是由国家管理整个国民经济体系。由于工程建设中所需要的重型机械和车辆在阿尔及利亚不能生产，这些设备完全需要进口；而阿尔及利亚的外汇储备有限，外汇被优先用于进口涉及国计民生的商品，因而作为紧迫性较低的建设设备自然不被列在优先考虑的次序中。其结果就造成建筑机械设备和建筑材料迟迟不到位，使得整个工期一拖再拖。第三个原因是该国人们做事比较沉稳并具有足够的耐性。如果某事感到今天不合适去做，就可以拖到明天再做。他们一直保持“一定在未来的某个时候能完成”的乐观精神状态，这种黏质性格特点决定他们做事十分稳重。

回国之后开始了独立的职业生涯

1980 年日本对原来的抗震设计标准进行了大幅度的修订。日本的抗震设计标准在经历了新潟地震（1964 年）、十胜冲地震（1968 年）、宫城县冲地震（1978 年）之后，将原来根据地震等级所设计的抗震标准，改为

[图38] 奥兰大学的外貌（1986年）
根据奥兰市的城市规划奥兰大学可以建设长度为300m、宽度为50m的校园广场。

[图39] 奥兰大学的外貌（1986年）
清晰地垂直柱身和水平跨板的轮廓，可以充分展现建筑物的结构力度。

依照地震烈度所造成损害重新设计抗震标准，并确定了不同损害下的应对措施。

由于 1980 年将依照不同地震等级设计抗震标准，改为不同烈度下的抗震设计标准，因而在 1995 年发生的阪神·淡路大地震中得到了验证，所遭受的损害比发生的同样地震要小。根据新的抗震标准设计的建筑采用了抗震、减震的结构设计，因而在大地震发生时取到了良好的设计效果，一雪过去的耻辱。

在抗震设计标准进行大幅度修订的时候，本人当时正被派驻在阿尔及利亚工作。1983 年 8 月我才返回日本，在这前后日本建筑界所发生的各种动态和各种变化，我是知之甚少。

本人回国之后就如同浦岛太郎（日本古代传说中的人物，浦岛太郎从龙宫回家之后原先所熟悉的一切都发生了剧变，感到一切都很陌生——译者注）一样，木村俊彦先生曾十分感叹地说："梅泽君咱们终于又见面了！"。我在回国后的第二年创立了自己的建筑结构研究所，即从 1984 年 4 月开始了个人独立的职业生涯。

阿尔及利亚纪行（Column）

[图40] 远眺盖尔达耶（1980年）
盖尔达耶位于阿尔及尔以南 500km，是地处撒哈拉沙漠北端的要塞城市。整座城市被城墙所环绕，城中至今还保留着很多中世纪式的街区，人们也保留着传统的生活习惯。

[图41] 盖尔达耶的隆香
这种被称作"隆香"的建筑物其实是进行宗教活动的场所，据说在此祈祷的人士可以从中获得神灵的启示。该建筑物的窗户很深，阳光的阴影、栩栩如生的雕塑和白色的墙壁形成了鲜明的对照。

［图42、43］艾卜耶德沙漠中绿洲（1983年）
该绿洲位于阿尔及尔东南500km，地处靠近突尼斯的撒哈拉沙漠的北端。这座绿洲也被称为“千顶之镇”，这是因为每家建筑物的屋顶都采用了能抵抗酷暑的穹顶结构设计。

［图44］提姆加德的古罗马遗址
蒂姆加德位于君士坦丁以南100km，曾经是公元100年古罗马皇帝所修建的殖民地。和贾米拉一样均属于世界文化遗产。

［图45］贾米拉的古罗马遗址
贾米拉地处君士坦丁大学学生宿舍西面80km的高原之上，至今仍保留着公元6世纪古罗马帝国灭亡时的城市遗迹，被列入到世界文化遗产的保护名录之中。由于贾米拉地处干燥地区，所以至今保存良好。

第二章 结构体系的理论

结构工程师需根据建筑物对地基的重力作用和地震对建筑物的冲击影响等因素进行结构设计规划。在结构设计规划中需要解析建筑物中的压缩应力、拉伸应力、剪切应力等三种力所构成的作用力体系，建筑物整体的结构设计规划多是这些基础体系组合。介绍有史以来的结构体系后，讲述建筑物的结构设计自始至终都伴随着建筑材料的发展，尤其是近代的建筑以钢和钢筋混凝土作为主要的建筑结构材料，使得结构规划方案始终围绕着这两种基本结构材料进行设计。现代的结构设计已经扩大到了减震防震结构等领域，随着时代的不断进步，现代社会期待着结构设计师在结构设计领域中充分施展他们的想象力和创造力。

1 结构体系的内涵

什么是结构体系

无论是框架结构、桁架结构、壳体结构还是其他建筑结构，都是起着骨架作用的空间受力体系。目前关于结构体系的分类多种多样，甚至在一个建筑物中可能同时存在着多种建筑结构体系。但是无论属于何种建筑结构体系，其核心就是如何发挥骨架作用以承受荷载。也就是说结构体系的核心是如何确定“结构之形”，而和建筑设计相关的是“什么样的建筑究竟如何确定采用何种结构体系”。

下面以实例来进一步说明什么是建筑物的结构形式。我们就以东京国际论坛大厦为例，其玻璃大厅的结构就是该建筑的基本结构体系。20 世纪的后期，建筑领域中很多高技派风格的建筑都采用张力结构，以透明的玻璃墙壁来承受狂风的冲击。这种结构体系不同于过去的结构体系中的“结构之形”，而是采用了一种全新的结构形式。尽管每个时代都具有反映该时代的建筑结构体系，但是任何时代的结构体系都是将如何承载负荷作为首先考虑的要素。

重力的作用

人们在地球上始终会受到万有引力的作用而产生重力，同时也会随着地球的自转相互之间产生作用力（参见图 1）。如果将地球的重力定义为“F”，其内涵就是质量为“m”的物体以每秒 9.8m 的速度变化所产生的作用力。这种速度变化即：$9.8m/s^2$，将其称为重力加速度（g）。人类身

［图1］重力的作用

重力是因为地球对物体所产生的引力作用，其单位为牛顿。

人类身体所感受到的物体重量（kgf）是因为地球所产生的重力作用，在进行结构设计时，重量统一采用牛顿为单位进行计算。

体所感受到的物体重量（kg）实际上是人自身对重量大小的一个衡量计算尺度（kg）。通常人们所说的 1kg 重量实际上是指质量为 1kg 的物质在地球上的重量。物体之所以具有重量，是因为地球使其产生了重力（N）的结果，通过人的身体感受到了物体的重量。但是重量和重力的单位并不相等，重量产生的原因是物体具有质量 kg，而重力产生的原因是其产生了力（N）。

什么是“负荷”？

“负荷”究竟是什么？负荷实际上也称“荷重”，就是指所能承载的重量，是在重力作用下的结果。而重力就是地球引力的作用结果，力的单位用 N 来表示。1N 就是指质量为 1kg 的物体在 1 m/s^2 的加速度作用下所生成的力。构成物体质量的原子、分子在宇宙空间中是具有一定的分量的，人类身体所感受到质量为 1kg 物体由于地球引力的作用所产生的重力为 9.8N。

在进行结构设计时，1kg 的荷重可以换算成 9.8N 的静止作用力。我们知道质量（kg）乘以加速度（$9.8m/s^2$）就等于“力”，而这“力”和“荷重”具有相同的含义。在进行结构计算的时候，常将质量换算成力的单位即负荷的单位，也就是 1kg=9.8N ≈ 10N。在 20 世纪常以 SI 单位制(即：国际单位制）作为计算的标准，也有采用 MKfS 单位制（即：重力单位制或工学单位制）作为计算的标准。如果将力的单位或荷重的单位均以 kg 进行计算，那么就意味着结构构件在垂直方向上应能承载 1kgf 的作用应力，并且结构构件在垂直方向上不应该出现任何问题。同时在进行结构设计时，还必须进行模拟的振动分析计算。

无论采用何种的单位制进行结构设计，无论是求解静止的作用力或运动的作用力，均是用质量除以重力加速度来求得荷重的数值大小。

身体所感受到的负荷作用

结构设计的对象就是负荷作用，垂直的负荷作用和地震力、风力的水平作用交汇形成最终的重力作用。

在进行结构设计时，要充分考虑如何在建筑结构中解决负荷的作用。

垂直负荷的作用如图②所示，水桶中水的负荷作用方式有三种形式：①将水桶举过头顶；②双手两边下垂各提一个水桶；③双手将水桶沿水平方向向前举起。

在①的情况时，身体的骨架受到了负荷的重力压缩作用。非洲的妇女

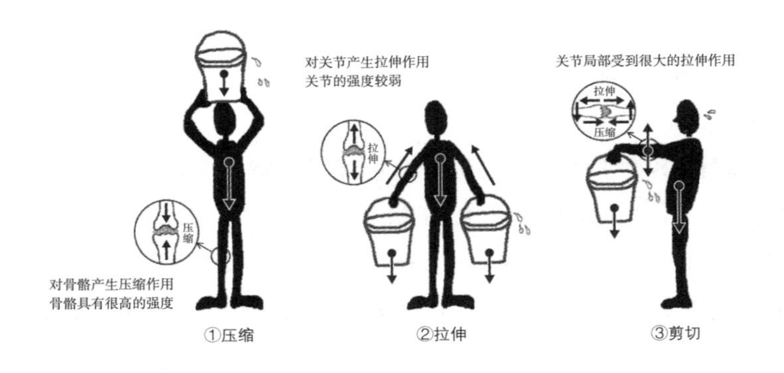

［图2］人体所感受到的重力作用和支撑方式

支撑负荷的三种方式如图所示。从图中可以看到各种应力和负荷的作用点、支点之间的位置所存在的相互依存关系。

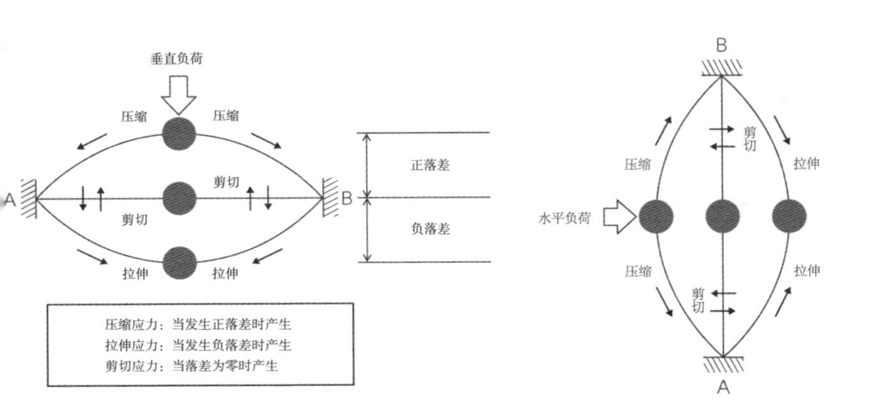

［图3］垂直负荷和产生的相关应力

支点比负荷的作用点低=压缩应力；支点比负荷的作用点高=拉伸应力；支点和负荷的作用点平行=产生剪切应力。

［图4］水平负荷和产生的相关应力

由于水平负荷的作用方向和垂直负荷的作用方向呈90°，因此将垂直负荷的作用点和支点旋转90°就可以转变成水平负荷的作用图。

常采用这样运水的方式。这种负荷所产生的作用应力一般称为“压缩应力”。在②的情况时，人的腕部肌肉始终处于紧张状态。如果某人的腕部较细，可能会承受不了水桶的重负。这种负荷所产生的作用应力通常被称为“拉伸应力”。在③的情况下,人的肌肉的紧张程度可能会达到极限，有的人甚至可能连 1 分钟也坚持不下去。这种负荷所产生的作用力通常被称为“剪切应力”。

应力是指在负荷的作用下单位面积的材料内部因抵抗形变所产生的作用力。支撑负荷的位置被称为支点，应力产生于负荷的作用点和支撑负荷的支点的相对位置上。在①情况时的“压缩应力”，其作用点 = 头部，支点 = 脚部，作用点比支点的位置高，产生的应力为压缩应力；在②情况时的“拉伸应力”，其作用点 = 手，支点 = 上臂的各部，作用点比支点的位置低，产生的应力为拉伸应力；在③情况时的“剪切应力”，其作用点 = 手，支点 = 上臂的根部，作用点和支点处于同样的高度，产生的应力为剪切应力。尽管面对同样的负荷，但是却有三种不同支撑的负荷形式，而产生的应力和支点的位置与支撑的负荷有着相互依存的关系。

下面就支点和结构部件沿水平方向的负荷所产生的应力情况进行分析（参见图 4）。

如图所示，当支点位于负荷作用点的右侧时，则结构构件所产生的应力为“压缩应力”；当支点位于作用点的左侧，结构构件所产生的应力为“拉伸应力”；当支点和负荷作用点呈垂直方向时，结构构件所产生的应力为“剪切应力”。无论负荷作用是沿垂直方向还是水平方向，当支点的支撑方向和其呈正交状态时，都将产生剪切应力。

当水平负荷的作用方向和垂直负荷的作用方向出现正交时，可以视作将垂直负荷的状态进行了 90° 的旋转。

三种基本结构体系

三种支撑负荷作用的方式实际上就已经确定了三种基本的支撑结构体系。也就是当支撑的结构构件所产生的应力为压缩应力时，该结构体系就是“压缩结构体系”；当产生的应力为拉伸应力时，其结构体系就称为“拉伸结构体系”;当产生的应力为剪切应力时，其结构体系就确定为“剪切结构体系”（参见图 5）。

从理论上而言,面对任何一种负荷的作用,都有可能产生三种支撑方式，根据支撑负荷的支点和负荷作用点间的相互位置关系可以确定结构构件所产生的应力的类型。但是在实际中由于各种自然发生的变化，各种应力也会突然发生某种改变。

由图 3 可以看出，当垂直负荷逐渐发生运动并且当落差接近于零时，构件内部所产生的压缩应力突然转变成剪切应力。这一过程是逐步演变进行的，随着落差的逐渐减少，构件内部开始产生剪切应力，并且剪切应力的比重也逐渐增大。而当负荷的作用点和支点的位置处于完全水平的时候，则应力 100% 全部是剪切应力。普通的结构构件中是压缩应力和剪切应力同时存在，或者是拉伸应力与剪切应力同时并存。人们需要通过判断该建筑结构中哪一种应力状态处于绝对的支配地位，来确定该建筑结构究竟属于哪一种结构体系。

三种基本结构体系的发展

人类最早使用的结构材料是木材。尽管木材是属于能承受压缩、拉伸、剪切作用的结构材料，但是其具有耐火性差、强度低、耐久性不好等缺陷，

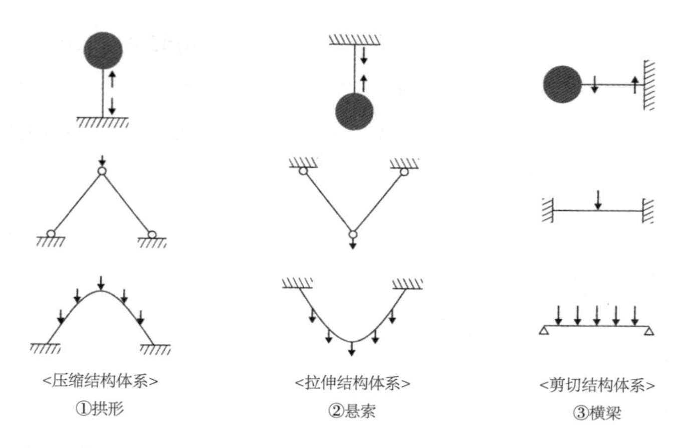

［图5］三种基本结构体系

各种结构体系适宜的主要结构材料分别是：压缩结构体系——石材、砖瓦；拉伸结构体系——钢缆；剪切结构体系——木材、钢材、钢筋混凝土。

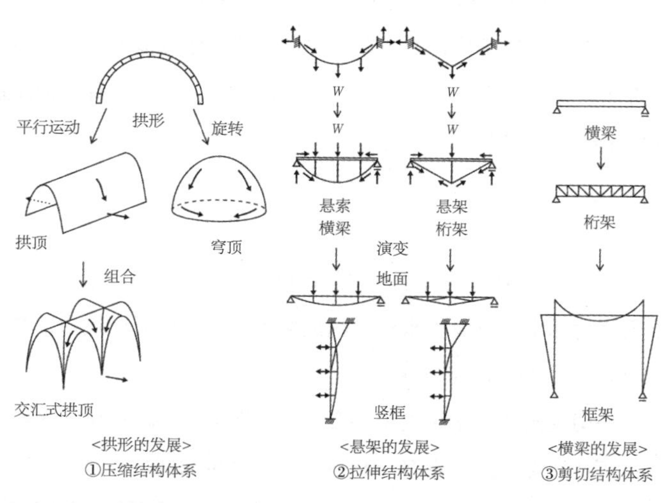

［图6］三种基本结构体系的发展

使其不适合充当神殿式等大型建筑的结构材料。早期的超大型建筑的结构材料基本为石材，以石材构成的建筑结构基本上均属于“压缩结构体系”。在早期的建筑里，只有在个别小型的建筑中才可以看到“拉伸结构体系”和“剪切结构体系”的建筑构造。直到 19 世纪的后半叶，当钢材和钢筋混凝土作为主要的结构材料时，这两种结构体系才得到了广泛的应用（参见图 6）。

压缩结构体系

面对重力的作用，建筑构件本能而自然的反应体系就是“压缩结构体系”。地球上各种物体的结构和人类的骨骼都是对重力作用而自然作出反应的“压缩结构体系”。

在建筑领域中砌筑结构就属于压缩结构体系的典型代表。近代以来的城市建筑大多为砌筑结构，而现存的古代建筑遗址也多为石砌结构。这些结构都属于应对地球的重力作用的“压缩结构体系”，这种结构体系给予建筑物足够的稳定性。

（1）拱形

“拱形”是指在墙壁上所开凿洞穴的弧形形状。公元 100 年左右的古罗马时期所修建的塞戈维亚引水桥，就是典型的石砌拱形构筑物，其高度达到了 29m（参见图 7、图 8）。

而位于法国尼姆的引水桥是现存古罗马时期最大的水道桥，这座引水桥的内部可能已经使用了混凝土材料，该引水桥的高度达到了 49m。引水桥之所以采用拱形的造型，一个主要原因是可以减少狂风的阻力，另

［图7、8］塞戈维亚的引水桥（估计是公元100年左右建成的构筑物）

该桥现存119个拱形桥洞，全长为728m。该桥穿越山谷，分为上下两层，最高处达到了29m，以花岗岩为建筑材料；顶部的水槽为混凝土结构，和桥身构成了一体化的建筑构造。

一个原因是降低工程的成本。另外引水桥的桥壁一般都比较薄，也是为了降低工程的造价。

（2）拱顶

拱形沿直线向前做平行运动的轨迹就形成了“拱顶”，拱顶和拱形的力学原理完全相同。古罗马时期的很多建筑物都是在半圆的拱形基础上发展成拱顶造型的建筑，拱顶结构其不仅受到压缩应力的作用，而且在一定程度上还会产生弯矩的作用（参见图 9、图 10）。

由于拱顶结构在支点部位会产生侧向推力，尽管石砌结构属于压缩结构体系，但是不能确保拱顶结构在重力的作用下具有绝对的稳定性。建筑大师高迪为了解决半圆拱顶构造可能会出现的弯矩作用，受到下垂式链条的启发而采用了垂曲线的造型设计。在古埃尔公园建筑设计中，他所采用的悬链拱形的曲线造型设计，开启了建筑史上新的篇章。

[图9、10] 加尔桥（公元前19年建成）

该桥是现存的古罗马时期所建造的最大引水桥。该桥位于法国南部的尼姆，为将距离50km外的水源引入城堡而建造，其桥身的最高高度距离河床有49m。该桥上部的水槽采用了类似塞戈维亚引水桥的混凝土结构，也采用两层式的结构设计，其目的之一也是将该桥同时作为一条交通的通道。

（3）穹顶

所谓穹顶就是指以拱形的中心为轴旋转一圈而形成的结构造型。古罗马时期的石砌结构、半球形的混凝土穹顶结构和拱顶、拱形都具有相同的力学原理。

世界上现存最古老的穹顶结构建筑是位于意大利罗马的万神殿，厚重的支撑结构有效地抑制了其穹顶在环形方向上所产生的拉伸作用。尽管混凝土的拉伸强度没有达到设计所期待的强度，但是厚重的支撑墙壁却抑制了穹顶所产生的侧向推力（参见图 11、图 12）。

（4）飞扶壁

古罗马式风格的教堂建筑都有半圆式拱顶造型，为了抑制拱顶对墙壁所产生的侧向推力，教堂的墙壁制作得十分厚重，故而教堂的内部空间让人感觉较为昏暗，也使得身处教堂内部的人士心情会感到比较沉重。

为了改变教堂的形象，哥特式的教堂均采用了高高的尖形拱顶造型，使得教堂内部的空间布局更为合理，同时也抑制了侧向推力的产生。

哥特式建筑中所出现的“飞扶壁”结构，就是一种对墙壁的支撑结构体系，其可以加强墙壁的水平支撑，使得建筑物实现较高的顶棚设计（参见图 13、图 14）。并且在建筑物的顶部开设有较大的开口，上面可以镶嵌彩色的玻璃，使建筑物的内部更突显庄严而凝重的氛围。

[图11] 万神殿的外观
用混凝土结构建造的半球形穹顶的直径为43m，穹顶的高度也为43m。

[图12] 万神殿的内部
屋顶的形状已经由悬垂形向尖头形转变，墙壁的厚度和古罗马时期大多数的建筑物一样，这样厚度的墙壁可以有效地抑制产生侧向推力。

［图13、14］巴黎圣母院（法国）
屋顶已经向半圆式尖头形拱顶转变。为了确保墙壁不受侧向推力的影响，在建筑物墙体的外部还附加了拱形的支撑结构，这种支撑结构能有效地增强建筑物整体的强度。

拉伸结构体系（悬架）

拉伸结构体系实质上是指能将负荷传递到很远处的结构体系。

压缩结构体系是使结构出现被压弯的现象，一般压缩结构材料的长度充其量为其直径的 50 倍左右。而拉伸结构体系的材料长度并没有绝对的限制，完全取决于被压弯时的结构变化。拉伸结构体系中的代表性建筑就是吊桥。

现在位于美国纽约的布鲁克林吊桥是于 1883 年建成的，其跨度达到了 486m，是当时世界上排名第一的吊桥（参见图 15）。

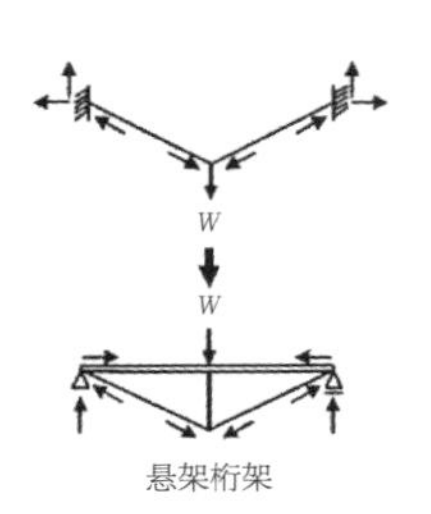

［采用立竿作为支撑立柱后的拉伸和压缩作用的相互比较］
当采用立竿作为支撑立柱时，柱的最大压弯长度应该是其直径的50倍。
假如采用直径为100mm的立竿作为支撑立柱，则其压弯长度应不超过5m。在允许应力范围内，一般钢材的断裂强度是400N/mm²，屈服强度是235N/mm²，而其长期允许的应力大小是157N/mm²。如果立竿的横截面积是7850 mm²，则其长期允许的拉伸强度是157N/mm²×7850 mm²=1232kN。

另一方面，当长度为5m的支撑立柱作为压缩材料使用时，则其长期允许的压弯应力值为23N/ mm²。和其长期允许的拉伸应力157N/mm²相比，只有1/6.8，其所承受的支撑负荷不过是23N/ mm² × 7850 mm²=180kN。

从以上数据可以看出，这就是为什么高强度的钢材要采用拉伸结构体系的最主要的原因。

[图15] 布鲁克林吊桥

该桥由德国人约翰·布鲁克林（1806～1869）进行设计。在布鲁克林过世之后，由他的家族成员克服重重困难完成了整个工程的施工建设（1870～1883）。该桥的主要特点是建造了石砌的塔楼。由于建设塔楼的工程费用较高，同时在左右的塔楼上还安装了用作拉伸的绳索，因而使得整个工程在施工时所面临的困难比较多。现在石砌的塔楼已经改建成为钢架结构的塔楼。

（1）悬索横梁

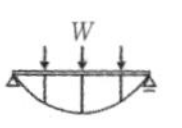

“拉伸结构体系”进一步发展就演变成“悬索横梁”结构。

由于悬索横梁结构是绳索呈悬垂曲线造型，而其负荷沿悬垂曲线的长度方向均匀分布，因此拉伸结构材料逐渐向压缩结构材料过渡。当上下弦材长度达到相等的时候，上弦材受到压缩应力的作用，而下弦材则受到拉伸应力的作用。其作用原理和吊桥的力学原理完全相同，吊桥上绳索所承受的应力大小沿绳索呈均匀分布。

“悬索横梁”结构常应用于竖框结构。即由竖立的立框所构成的能抵御狂风侵扰的骨架结构。当建筑物处于迎风面时，其所受到的狂风压力为正压；当其处于背风面时，立框所受到的狂风压力为负压。在受到负压的时候，建筑物的顶棚和地面都受到压缩应力的作用，因此需要配置必要的辅助支撑材料（参见图 16）。

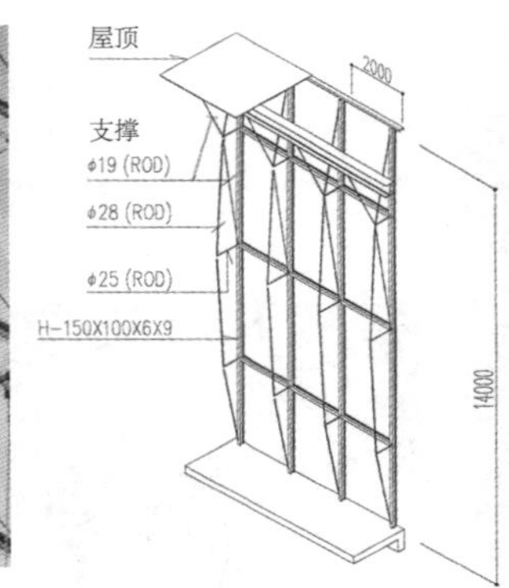

［图16］悬索横梁结构的实例（卢浮尔美术馆的玻璃金字塔）
其设计者为贝聿铭先生，结构设计为奥布·阿兰普。金字塔的玻璃面采用网格状的结构，迎风面上安装了悬索横梁结构，玻璃金字塔的内部安装有水平性良好的支撑装置。

［图17］竖立的立框结构体系
由于迎风面面临较大的狂风压力，所以采用了ϕ25mm的圆钢做成悬垂状立框结构并承受拉伸应力的作用。采用立框结构体系可以避免其出现弯矩作用。

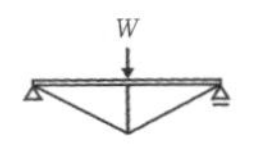

（2）悬架桁架

悬索横梁结构是“拉伸结构体系”的进一步发展，如果再继续发展就演变成为悬架桁架结构。尽管悬架桁架结构和悬索横梁结构有着近似的力学特性，但是悬架桁架结构的下弦材是直线型的，并且在实际设计的时候，其负荷分布的下弦材梯度也是不一致的。尽管由于负荷所产生的剪切力在上弦材上分布是不平衡的，但是如果下弦材为悬垂曲线形状，则其产生的剪切应力也是分布不平衡的。

“拉伸结构体系”和压缩结构体系、剪切结构体系相比，是属于最合理的力学结构体系。20世纪后期各种高技派风格的建筑大多都采用拉伸结构体系（参见图17）。

剪切结构体系

负荷的作用点和支撑的支点往往会存在着落差，合理地利用落差可以实现支点对负荷的支撑作用。而当负荷的作用点和支点处于同一水平面时，则产生的应力为剪切应力。造成剪切应力出现的主要原因是产生了弯矩作用。当结构构件产生弯矩作用的时候，有可能会使材料出现弯曲变形，并进而影响建筑物的居住性能。

钢筋混凝土的横梁出现挠度变化（即：混凝土结构出现蠕变现象）的主要原因是受到了弯矩的作用，一般规定结构材料的长期挠曲变形为其弹性挠曲变形的 8 倍。尽管按照设计标准长期挠曲值除以梁的跨度不应超过 1/250，但是钢筋混凝土的横梁长度不可能很短。人类生活的楼层地面和大地是水平的，建筑物的楼层地面和横梁所受到的负荷也是沿水平方向传递的，因此其支撑结构不能仅局限于悬垂式横梁或悬架桁架式结构。此类的支撑结构体系均属于“剪切结构体系”。

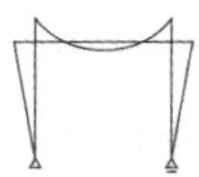

（1）框架结构

框架结构就属于一种剪切结构体系。由于很多建筑物都采用刚性的框架结构，因此剪切结构体系可以看成是应用十分普遍的构造体系。但是框架结构中的相关结构部件的应力分布是处于十分复杂的情况。

分布在压缩结构体系和拉伸结构体系的主要应力就是压缩应力或拉伸应力，但是剪切结构体系由于负荷的作用点和支点之间不存在任何落差，而支撑体系的结构构件和负荷作用方向处于正交状态，靠近结构部件一端的负荷值会很大，这种结构体系一大特点就是结构部件容易产生较大的弯矩作用。换言之，结构部件可能会同时产生剪切应力和弯曲应力，并且随着位置的不同其数值的大小也不尽相同。

例如横梁构件在受到垂直负荷作用的时候会产生弯矩（如上图所示），在靠近跨度中央时其弯矩图形为下凹形状，而靠近横梁两端时其弯矩图形呈上凸形状。结构构件端部的不同连接方式也会使弯矩效果发生变化。

由此可见“剪切结构体系”的一个主要特征是产生弯矩现象，通过分析弯矩数值可以求得剪切力的大小。也可以理解成由于弯矩作用而产生的剪切力。

（2）桁架结构

由于每一根横梁的负荷作用，都会使结构构件产生弯矩作用和剪切力。而桁架结构的上下弦材就能应对弯矩的作用，桁架中的对角线斜撑结构就是应对剪切力的作用。桁架中左右对称的斜撑可以传递剪切力和拉伸力。

斜撑中所产生的拉伸应力和压缩应力的作用效果如上图所示。对于拉伸结构体系而言，斜撑呈正 V 字形配置；而对于压缩结构体系而言，则斜撑呈反 V 字形配置。而上图桁架中的斜撑全部为以中央为轴呈左右对称的 V 字形配置，因而其应对的是拉伸应力的作用。建设桁架结构的前提是首先要建成各类的桁架。

只要是桁架结构，其负荷的作用点和支点之间就会存在落差。这就意味着不会存在绝对单纯的剪切结构体系，只要出现弯矩作用，剪切力和轴向应力就有可能发生转变。这种现象在一般的横梁结构中比较普遍，大型的横梁结构中的负荷作用效果和桁架结构的类似，而小型的桁架结构，基本上全属于单纯的剪切结构体系。在自然界并不存在拉伸结构体系或压缩结构体系立即转变成剪切结构体系的现象。

以上是根据不同的建筑结构而进行的各种基本结构体系的阐述。但是仅仅用上述已经介绍的结构体系，是难以说明东京国际论坛大厦玻璃大厅的屋顶结构的，其属于复杂的多重建筑结构体系（参见图 18、图 19）。

［图18］东京国际论坛大厦的玻璃大厅

大厅内的两根支撑立柱的跨度为124m，支撑着巨大的好似鲸的肋骨一样的屋顶骨架结构。这种复杂的结构体系是20世纪末高技派建筑风格的主要特征。

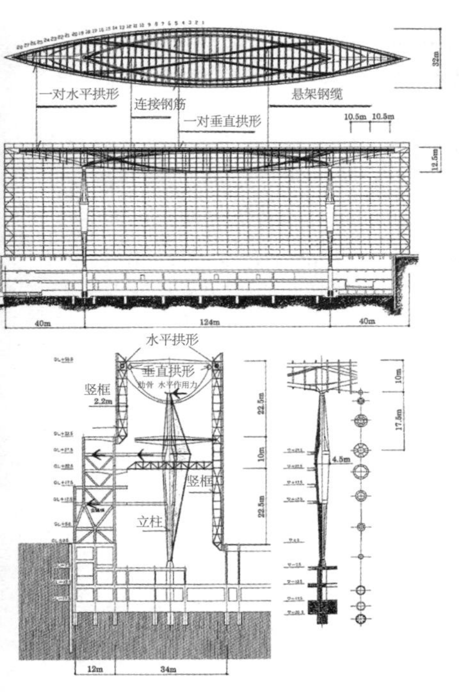

［图19］东京国际论坛大厦的玻璃大厅结构体系图

[东京国际论坛玻璃大厦的结构体系]

1. 屋顶荷重的支撑方式

屋顶的全部负荷完全由架设在2根大型立柱上的混合梁进行支撑。作用于一对垂直拱形结构上的屋顶荷重对其产生压缩作用，同时通过悬架钢缆对2根支撑立柱产生张力。肋骨状的结构通过悬架钢缆使屋顶的荷重得到进一步的分散。拱形结构使侧向推力和连接钢筋所产生的拉伸力相互平衡，而悬架钢缆平衡水平拱形所产生的压缩力，从而使整体结构趋于稳定。为了避免支撑屋顶的2根立柱可能对地面产生的不稳定因素，外墙的玻璃面每隔10.5m竖立支撑立框，并且支撑立框和1层地面紧密地固定在一起。

2. 狂风和地震的防护方式

玻璃墙面在遭受狂风袭扰时会对屋顶的水平拱形结构产生拉伸・压缩作用，并同时传递给2根大型支撑立柱。由于屋顶为透镜式造型，所以不需要水平横梁。作用于2根大型立柱顶端的水平力，通过和立柱相连的横梁结构传递到会议大楼。立柱的悬臂长度为17.5m。

3. 玻璃墙面的结构

一层地面上（±0）的玻璃墙面的高度为57.5m，分成上下两个部分，并用X形悬架钢缆进行固定，中间区域也采用了特别的结构设计。一对悬架钢缆采用了预应力的设计，预应力的大小从600kN（ϕ28,2根）到1000kN（ϕ36,2根），面对正负风压的作用，向上下支点传递拉伸力和负荷作用。整座玻璃大厦的建筑结构属于复杂的结构体系，除了立柱属于剪切结构体系之外，拱形结构属于压缩结构体系，悬架结构则属于拉伸结构体系，后两种体系也属于轴向力结构体系的范畴。

2 结构简史

关于结构的历史

如果谈起建筑史，很多的著作都将其作为美术史的一部分，这是因为建筑设计的历史演变和美术史有着很多的渊源，对建筑风格（Style）的论述就属于建筑史的范畴。例如描述帕提农神庙凸肚状立柱的样式和柱顶的装饰风格是属于爱奥尼亚柱式还是多立克式。此外建筑史作为科学技术史的组成部分，其发展变化的过程也属于科学技术史的范畴。

建筑物既是克服重力作用的建筑行为的产物，也是集材料、技术、施工、工程等为一体的综合性成果。在几千年以前，一个建筑师就可以掌握其所要从事建筑工程的全部技术。而建筑结构的历史实际上就是以技术为中心的建筑史，其中也包含着结构材料的历史，同时也包括建筑师和技术人员的历史。通过学习历史可以预测到建筑业未来发展的前景。

经日晒后制成的砖瓦

美索不达米亚、古埃及、古印度、黄河是世界四大文明的发祥地，其共同特点是毗邻大河，具有肥沃且适宜农耕的土地，而且均地处少雨的干燥地区。由于这些地区地域辽阔，一旦河水泛滥河水就将裹挟着黏土和砂土把河川流域冲击成平坦的土地。在河水冲击之后裸露出来的岩石和木材就自然成为天然的建筑材料。在这样的气候和自然条件下，人类最古老的建筑材料孕育而生，制成了经过日晒之后的砖瓦建材。

美索不达米亚文明出现在公元前 3500 年左右，也就在今天的伊拉克地

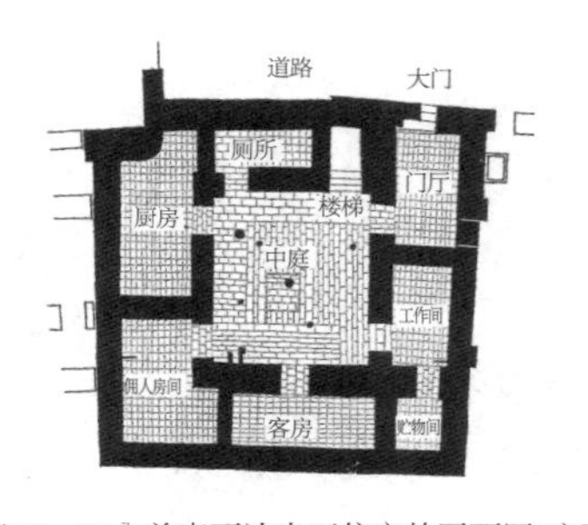

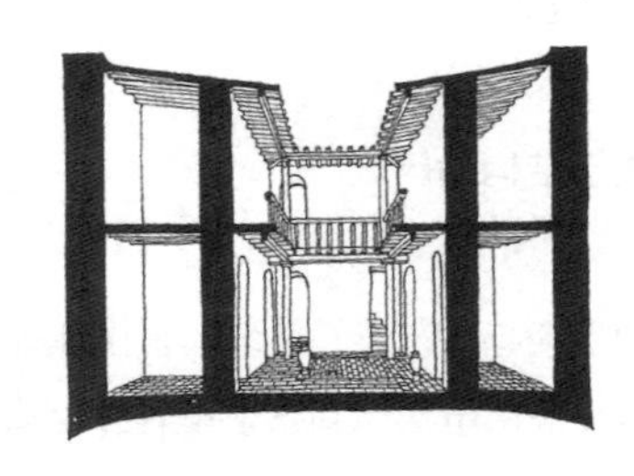

［图20、21］美索不达米亚住宅的平面图/立面图

这是迄今4000年前位于现伊拉克乌尔的城市住宅的一层平面图。住宅的一层比道路的路面低几个台阶。这种城市住宅都是和邻居共用一堵墙。一层设有公共的空间，家庭的卧室设在二层，墙壁和地面相垂直，整个住宅建筑的布局非常紧凑。

区，开创了人类最古老的文明。在公元前 2000 年美索不达米亚的城市乌尔已经采用经过日晒后制成的砖瓦作为建筑材料，并用这些砖瓦修建住宅（参见图 20、图 21）。用日晒后制成的砖瓦所修建的建筑物墙壁和大门都非常厚，厚度均为 1m 左右，其目的就是避开地面灼热的辐射。建筑物所围成的中央院落采光和通风情况良好，四周除了进出建筑物的出入口之外，再没有其他的开口。住宅建筑一般采用两层的建筑形式，屋顶的坡度不大，使用当地的木材作为地面和屋顶的建筑材料。尽管当地雨水较少，但是还是设置了带有一定坡度的排水设施，屋顶的木材也用黏土进行了防水处理。由于黏土的防水性有限，因此需要频繁地进行防水修补。尽管如此，这些建筑也历经沧桑，人们在这样的住宅中延续生活达几百年之久。在今天的中东和非洲等很多地区，依然可以看到这种风格的住宅建筑。

在公元前 4000 年左右人们使用经日晒后制成的砖瓦作为建筑材料，但是其缺点是在被雨水浸湿再晒干后，砖瓦的使用性能会降低。因此在气候湿润的地区一般不能使用此类建筑材料。这种砖瓦的制作方法是先用水、黏土、砂石按一定比例混合好，然后放置在木制的模具中成型，再将成型后砖坯或瓦坯放置数日进行日晒干燥。在中东这样的干燥地区每天的平均气温经常要达到50℃以上，砖坯和瓦坯经过日晒之后强度将发生很大变化，其抗压强度会变得很高。也门的希巴姆是一座至今仍保留着500多栋世界上最古老高楼建筑的城市，这些建筑是16世纪后期用经日晒后的砖瓦作为建筑材料而修建的，楼层的高度一般为5 ~ 9层。采用经日晒制成的砖瓦作为建筑材料，是可以在短时间内建造这样大量的高层建筑的。

梅克内斯的建筑遗存

现在的中东和非洲在工程建筑中一般仍保留着传统的施工工艺，使用经过日晒制成的砖瓦修建住宅。在摩洛哥至今仍可以看到，很多用经日晒制成的砖瓦作为建筑材料所修建的巨大建筑物的建筑遗存。

摩洛哥最早的居民是今天的柏柏尔人，而今天的摩洛哥地区曾为古罗马王国的一部分，但在公元8世纪被阿拉伯人所征服，而后历经了数个王朝的荣辱兴衰。1672年穆拉・伊斯玛仪建立了今天的阿拉维王朝并成为苏丹（即：国王），他在梅克内斯建立了首都。

穆拉・伊斯玛仪用日晒后的砖瓦在很短的时间内修建了有40km长的都城城墙，并在其中修建了首都的各种建筑。现在仍保留有当年的城墙、城门、宫殿、清真寺、居民区、储水池等很多建筑遗存，这些古建筑遗迹已经列入世界文化遗产的保护名录之中。当年修建的圆顶谷物仓库和拱形厩舍建筑所采用的结构形式依然对当代的建筑有很深的启示（参见图22、图23）。

梅克内斯的谷物仓库，近似一座封闭的建筑。该仓库修建在地下暗河的

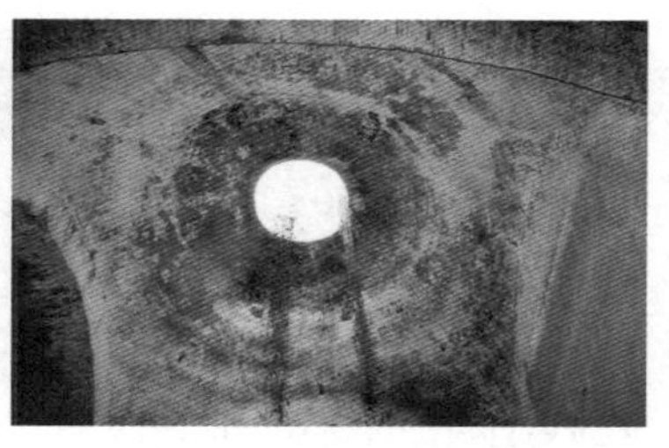

[图22] 位于梅克内斯的厩舍遗址
和古罗马的引水桥一样采用拱形的造型结构，整座马厩可以同时饲养12000匹骏马。采用木材或秸秆等材料作为马厩的屋顶材料。

[图23] 位于梅克内斯的谷物仓库的顶棚
采用了和古罗马时期一样的半球形屋顶造型。

上面，使得仓库内可以保持适宜的温度，以便于谷物的储存。谷物仓库还采用了类似德国万神殿的天窗设计方式。梅克内斯的厩舍采用经日晒后的砖瓦作为建筑材料，修筑的数十列拱形墙壁可以长达几十米。

古埃及 · 古希腊时期的建筑技术

到了古埃及时期巨石取代了传统的砖瓦作为新的建筑材料出现在各类建筑当中。这个时期建筑技术的特点是为了能克服重力的作用使建筑物更加安定牢固，因此使用了巨石等抗压强度极高的材料，其典型的代表是古埃及的金字塔。

古埃及作为统一王朝可以分成三个不同的历史时期，即古王国时期、中王国时期、新王国时期。法老统治下的古埃及王国是世界上所建立的最早的统一国家。为了凸显法老君临天下的威严和所掌握的至高无上的国家权力，古埃及放弃了经日晒后制成的砖瓦或经烧结后制作的砖瓦作为建筑材料，而是采用巨石作为基材修建了大量的神殿建筑。石砌建筑比砖砌建筑对建筑施工技术所要求的难度更高，在巨石的开采、搬运、切割、加工、测量、体积的计算等方面都对建筑技术提出更高的要求。当年的施工方式、巨石体积和重量的测算、结构的计算方法等诸多问题，即使在今天对于工程技术人员而言，也是十分困难的事情。因此古埃及的金字塔给我们留下了太多的难解之谜。

古王国时期

公元前 2700 年至公元前 2200 年的古王国时期，也是古埃及长达 500 年的金字塔时代。最早的金字塔以小型的石材作为建筑材料，将金字塔建成阶梯状的形式，即现在人们所看到的萨拉卡阶梯状金字塔（参见图 24）。

这座金字塔是历史上最早使用石材建造的大型建筑物，其内部没有使用任何砖瓦材料。这一时期所建造的金字塔方案设计者是左塞尔国王时代的大臣伊姆霍特普。值得一提的是，这座巨大的建筑全部是由石材建成的。

吉萨的胡夫金字塔塔高为 146m，该金字塔用 270 万块 1m × 1m × 1m 的大石块砌筑而成（参见图 25）。每块石头的重量为 2.5t，金字塔中心部所承受的垂直压力相当于 146 块石头的重量，即 $1m^2$ 就承受了 365t 的重量。这种受压的程度可以和普通的钢筋混凝土的立柱所承受的压力相匹敌。由于当年的工艺水平有限，对石材的加工不可能达到很高的精度。

尽管这个时期的古埃及人已经使用石膏砂浆替代砖瓦，但是却不能找到解决建造重量如此之大的石砌建筑的替代方法。因此人们在施工方式

［图24］萨拉卡阶梯状金字塔

这是古埃及最早的金字塔。其高度为60m，底边呈长方形，东西长为123m，南北宽为107m。由于该金字塔为阶梯状的造型，其脊线构成了不安定的因素，风化的滚石不时会从金字塔上部滚落下来，因此要采取必要的措施防止整座金字塔出现整体坍塌的现象。

［图25］胡夫金字塔

这是古埃及第4代王朝法老胡夫的金字塔，该金字塔从公元前2540年开始建造，历经20余年才建造完成。这座金字塔的高度为146m，底面为边长230m的正方形，斜度为51° 50′。该金字塔的长度和高度形成了完美的黄金分割，整个建筑代表了当时石砌技术的最高水平。

和设计思路上另辟蹊径，寻找替代这种堆积型石砌建筑的新的施工方法。

新王国时期

自公元前1600年至公元前1100年，古埃及进入到了新王国时代。古埃及帝国开始了黄金发展的500年，整个帝国都处于鼎盛时代，兴建了很多宫殿式的建筑。这一时期所兴建的最具代表性的宫殿建筑是拉美西斯二世所建造的阿布·辛拜勒神庙和卡纳克神庙。阿布·辛拜勒神庙建在尼罗河西岸的峭壁上，经工匠们凿刻而成。后因修建阿斯旺水库大坝避免其被水淹没，现代的埃及人将神庙从原先的位置进行保护性的迁移，将其向上移动60m，这是古建筑成功移建的一个经典范例。

位于卢克索的卡纳克·阿蒙神庙的占地面积很大，是宽为110m、长为

366m 的长方形。整座神庙被厚度为 6.1 ~ 9.0m 的围墙所包围（参见图 26）。在这座称得上是世界首屈一指的神庙内，值得大书特书的是里面的大柱厅。

大柱厅的内部宽度为 103m、进深为 52m，大柱厅的中央耸立着 16 列 ×9 排共计 134 根圆形石柱，支撑着屋顶的石板。沿着中轴线两侧的长廊矗立的 12 根最为高大的圆形石柱，其直径为 3.6m、高度达 21m，整根石柱是由十多块石块砌筑而成。中央的大柱厅和两侧的廊厅之间的高度差为 8m，利用这高度差大柱厅上部开设有用于采光的高窗。廊厅的圆柱高度为 15m、直径为 2.7m。中央大柱厅圆柱之间的间隔为 9m，而其他柱厅圆柱之间的距离为 6m。圆柱之间都架设有横梁，形成了过梁式的结构（参见图 27）。

［图26］卡纳克・阿蒙神庙

卡纳克・阿蒙神庙大柱厅的中央并排矗立着两列巨大的圆柱，其直径为3.6m、高度为21m。这种巨型圆柱是由十多块圆形的石块砌筑而成，圆柱之间的距离约为9m。圆柱的顶部架设有横梁，构成了过梁式的结构。

［图27］卡纳克・阿蒙神庙的过梁式结构

建筑物的宽度为30.6m，由8根石柱支撑的横梁形成了过梁式的结构。石柱之间的跨度达到了4m。由于柱之间的跨度很大，因而形成了过梁式的结构。但是到了古罗马时期，这种构造逐渐演化成拱形结构。

古罗马时期发展的拱门结构，使得建筑物大门的开口变得更为开阔。古希腊时期由于同时使用木材和石材作为建筑材料，因此可以实现过梁式大跨度的建筑构造。由于古埃及的石砌建筑技术逐渐被古希腊所继承，因而巨石建筑在古埃及也就不再兴旺了。

古希腊时期的建筑技术

古希腊时期的建筑技术并没有突出的进步，建筑风格也没有发生革命性的变化。古埃及的神庙是供奉神灵的居住之所，在建筑空间上没有考虑更多的使用功能；而古希腊的神庙是供人们祭祀神灵之处，在空间建筑中兼顾到不少的使用功能。

公元前 438 年完工的帕提农神庙有 46 根直径为 2m、高度为 10m 的圆形立柱，其采用了石砌构造的施工方式（参见图 28）。神庙的内部供奉着人们用来祭祀的守护神雅典娜，神庙的顶部架设着木结构的屋顶。尽管神庙采用超重的石材作为横梁，但在立柱之间所产生的拉伸强度并不高。大多数的石砌建筑在架设横梁的情况下，一般立柱之间的距离可以在几米以上，但是帕提农神庙立柱之间的跨度只有 2m。

[图28] 帕提农神庙的全貌

帕提农神庙的建筑设计师是伊克迪诺斯和卡里特瑞特，其基座为68.7m × 30.6m的长方形。

这一时期的建筑很多都选用石材作为建筑材料，这也对建筑物的抗压性能提出了很高的要求。由于塑造高大的神灵可以凸显其在支配者面前的威严，因此这一时期的很多神殿建筑都具有高大的特点。但是古希腊的神殿建筑不同于古埃及的神殿建筑，这一时期的神灵更接近于人类社会,这也是以神为中心的王国在向民主国家发生变迁。在这一变迁过程中，从古罗马时代以神灵为建筑的中心，逐渐转变成以民众为建筑的中心。

亚洲石砌建筑的遗存

石砌建筑在亚洲的很多地区都可以看到。尽管中国、韩国、日本的寺院建筑是以木质建筑为主，但是印度的寺院建筑则是以石砌建筑为中心，柬埔寨和印度尼西亚至今仍保留着大量印度教的石砌建筑的遗存。其最具代表性的石砌建筑就是吴哥窟和婆罗浮屠。

吴哥窟地处柬埔寨宏大的吴哥遗址的中心地区，是 12 世纪早期由吴哥王朝的苏耶跋摩二世所主持建造的具有典型印度教风格特点的宗教寺院建筑（参见图 29）。

吴哥窟寺院的中心矗立着一座好似山峰的殿堂，中央塔顶距地面的高度达到了 65m，以表现神灵的伟大。石质的寺院位于吴哥窟的中央，其东西长为 1500m、南北宽为 1300m，四周被宽度为 200m 的河渠所环绕。整座寺院用两人才能搬动的砂岩石块作为建筑材料，并采用了石砌的建筑方法进行建造。

吴哥窟的寺院群是由虔诚的信徒历经吴哥时期的几代王朝才建造完成的建筑群，为了能让虔诚的信徒们安心诵经，吴哥窟的寺院中还另辟空间专供信徒们诵经。吴哥窟的很多建筑都选用石材作为建筑材料，其中

［图29］吴哥窟

其内部没有立柱的大型殿堂，设立了可供信徒们诵经的空间，有通路可以直接抵达。最高的殿堂高度达到了65m。

［图30］吴哥窟的拱顶

其屋顶建筑采用了支架式结构和过梁式结构的建筑构造。部分寺院在支架式结构的屋顶上面铺设了石板材料，构成了支架和过梁并存的剪切结构体系。

很多寺院还采用了支架结构和过梁结构的建筑构造（参见图 30）。

婆罗浮屠遗址是世界上规模最大的石砌建筑的佛教寺院，其位于印度尼西亚的爪哇岛的中部，地处日惹市的西北 42km。该建筑群自公元 780 年开始建造，直至公元 792 年才全部建造完成。

婆罗浮屠佛塔的塔基为 115m × 115m 的正方形，佛塔共计 9 层并呈金字塔的形状，每层均建有狭长的回廊。当年刚刚建好时的塔高为 42m，经过岁月的沧桑，如今的塔高已经只有 33.5m 了。整座建筑群建在一片蜿蜒起伏的土丘之间，建筑材料为厚度 20 ~ 30cm 类似砖块的石块。印尼人采用石砌技术修建婆罗浮屠佛塔，佛塔的内部没留有任何的空间。

位于南亚的石砌寺院基本上为印度教或佛教的寺院，砌筑式的建筑风格是这一类寺院共同特点。此外这类寺院基本上采用石材作为建筑材料，建成塔状的建筑形态，在此类建筑遗存中，找不到任何西洋风格的拱门结构建筑。为什么拱门结构的建筑风格在印度以东的地区很难看到，这个问题令人深思。

古罗马时期的混凝土

经过日晒或烧结，砖瓦在加热硬化后其强度会大幅度地提高，可以克服在负荷重压下所引起的砖瓦变形。尽管经过堆积的砖块在一定程度上可以分散压缩应力的作用，但是采用堆积技术砌筑砖块的时候，还要使用能填充和连接砖缝的接缝材料。这种可以将砖块连接在一起的接缝材料，在很大程度上发挥着胶粘剂的作用。

几千年以来，人们一直使用黏土灰浆或石膏灰浆作为砖砌结构的接缝材料。所谓黏土灰浆是指在黏土中掺入适量的水，然后再调和而成；而石膏灰浆是指在熟石膏中加入砂石和水，再进行调和。前者的强度较低，一般用于日晒后所制成砖瓦的接缝；而后者多用于经过烧结的砖瓦或石材的接缝。

石膏属于气硬性胶凝材料，在空气中就可以发生硬化。在空气作用下，其硬化过程也是水蒸发过程，其缺点是遇水则石膏强度会出现变低的现象。

在公元前 400 年（即希腊主义思想的鼎盛时期）的古希腊和古埃及，人们已经用熟石灰、黏土、砂、水配置成可以用于硬化的水硬性灰浆，并将其作为很好的接缝材料。在公元前 200 年的古罗马时期，人们对水硬性灰浆的配方进行了改革，采用火山灰替代普通的黏土，发明了硬化时间更快、强度更高的水硬性灰浆材料。

由于这种火山灰取自意大利那不勒斯市的近郊博兹利，因此人们也称其为“pozzola”，意思是火山灰水泥。随着建筑材料的不断变化，工程的施工方法也逐渐发生改变。人们先将熟石灰、砂石、火山灰、粗骨料、水拌和成灰浆，然后再将其倒入事先放置好的模板内进行成型。古罗马人所采用的施工方法和今天的施工方法并没有太大和本质的区别，所采用灰浆材料就是他们发明的水泥材料。

古罗马时期的建筑技术

古罗马时期著名的建筑理论家马可·维特鲁威在其所著的《建筑十书》中，详细地描述了如何配置水泥的方法和使用水泥混凝土的施工技术。在公元前6世纪~公元前4世纪，古罗马人使用水泥混凝土施工技术，建造了大量庞大的建筑物。

在水泥混凝土施工技术的基础上，人们又进一步发扬了砖砌技术和模板技术。例如，在修筑墙壁的时候，采用砖砌技术需要先将砖砌筑到1m左右的高度，在其硬化之后再继续施工；若采用混凝土技术施工，则需要将拌和好的水泥灰浆灌入事先设置好的墙壁模板中，待水泥灰浆硬化后再拆掉模板，墙壁也就建造完成了。在修筑拱门的时候，先架设好拱形的支架，然后在其周围砌筑砖块做成模板形状，最后再灌入水泥混凝土,硬化后即成为拱门的造型。拱顶和穹顶建筑的施工也采用同样的方法，在架设好简单的模板支架后，就可以灌入水泥混凝土进行成型。

公元125年所建造的世界最古老的穹顶建筑是罗马的万神殿，其是古罗马时期最具代表性的建筑（参见图12、图31）。这是在架设好的模板内灌入水泥混凝土所建成的刚性一体的建筑物。在拆除模板之后万神殿仍可以保持其混凝土的结构造型，在历经1800多年的岁月沧桑之后，证明了万神殿的结构依然是牢固可靠的。

古罗马时期另一个具有代表性的建筑就是引水桥（参见图9、图10）。

[图31] 万神殿模型的剖面图
由于穹顶结构的特点，其重力沿水平方向分解成为侧向推力，从而提高了屋顶的稳定性。这是万神殿模型的剖面图，有利于人们模拟分析建筑物的受力情况，进行各种应力的解析和计算。

引水桥所采用的斜度是1km为34cm，其倾斜角度相当于1/3000，相当于现代建筑物的屋顶倾斜角度的1/100。在古罗马时期能建造这样用肉眼难以观测到的斜度的引水桥，真是让人难以置信！而且引水桥巧妙地运用虹吸原理，利用水自身重力的作用，使水发生流动。运用虹吸原理使水在压力的作用下进行上升运动，这种现代给水排水工程中使用的技术在古罗马的建筑中就已经出现，真是让人啧啧称奇！

古罗马的鼎盛时期

古罗马建筑的鼎盛时期是特拉亚努斯大帝和哈德利雅奴斯大帝时代所兴建的建筑。

由于古罗马人发明了水泥混凝土，使得这一时期的古罗马建筑大放异彩，拱门、拱顶、穹顶等结构造型在各种建筑中层出不穷。位于罗马的圆形竞技场就是古罗马时期最具代表性的公共建筑（参见图32）。

能容纳5万人观赛的圆形竞技场是古罗马时期最大的竞技场，于公元70年开始兴建，至公元90年建造完成。这座椭圆形的竞技场，长轴长度为188m，短轴长度为156m，高度为48m。建筑物的表面为砖砌结构，墙壁和拱顶采用了浇筑混凝土的施工方式。

［图32］圆形竞技场的外貌
高大的放射状墙壁外侧，整个外侧墙面的拱门分为上下3层，外墙墙面一周每层有80座拱门。

［图33、34］圆形竞技场的内部
用水泥混凝土建造的建筑物的基础深入地下达12m，可以看到放射状的混凝土墙壁和顶棚所构成的拱顶结构。

以椭圆的平面中心放射状分布有80座混凝土的墙壁，墙壁上的顶棚采用了拱形的结构造型，周围设置了台阶状的座位席。

建筑物的周边设置有人工修建的水池，位于建筑物地下6m之处还设置了能够升降的舞台装置。整座建筑物的基础很深（参见图33、图34），不能看清建筑物整体的地下布局。

墙壁和墙壁之间共设有50处楼梯，楼梯引导着客人们沿竞技场各层环形通道通行。这座古罗马时期修建的圆形竞技场丝毫不逊色于当代的足球场，其能容纳5万人同时观赛和疏散的布局合理的规划设计，仍令今天的人们大感惊奇和大为赞叹！

残留的遗迹——庞贝古城和埃尔科拉诺

公元79年8月6日，由于维苏威火山的大喷发，使得庞贝城周围地区在三天三夜降落下将近10m厚的火山灰，整座城市被火山灰所掩埋而消失了达1800年之久。当年的庞贝城鼎盛时期人口达到了2万人，在火山喷发的时候其常住人口也接近有1万人。由于火山的突然喷发和火山灰的覆盖，使得庞贝城的街区和建筑可以以当时的状态良好地保存下来，就是墙上的壁画和美术作品也保持了当年的原貌。庞贝古城遗址反映了古罗马时代人们的生活状况，是人类珍贵的建筑遗存（参见图35）。

庞贝城的历史十分久远，可以追溯至公元前9世纪的初期。在庞贝城存在的1000年历史当中，其街区的建筑的施工方法，记载了这段历史变迁的过程。早期庞贝城的建筑采用火成岩或砂岩石块作为建筑材料，采用砌筑的方式进行施工，而后逐渐转化为将料石和天然石混合在一起作为砌筑材料，并用灰浆固定。公元前200年以后开始采用石灰灰浆作为

［图35］庞贝城的浴场

庞贝古城所保留的加拉加拉浴场的建筑遗迹，是具有鲜明特色的公共浴场。在这座浴场中既有进行冷水浴的公共浴室，也有可供温水浴和洗桑拿的公共浴室，是座兼有各类浴室的复合建筑。这座浴场的建筑规模超过普通住宅的建筑，很多浴室都采用了拱顶或穹顶式的建筑造型。

［图36］庞贝城的街道

相邻住户的房屋建筑共同用一面墙隔开，集体住宅的外廊和街道相连。墙壁以砌砖为模板，其内部被灌入了水泥混凝土。

接缝材料，用火成岩加工成的料石砌筑墙壁。后期庞贝城采用先模板定型再灌入水泥混凝土的施工方式。

在公元前 80 年以后，庞贝人采用加工后的料石和厚度只有 3cm 的烧结砖来砌筑墙壁的模板，再在其中灌入混凝土。这种施工方式是在维苏威火山大喷发时期（公元 79 年）当时世界上最新的施工方法。

庞贝古城的街区呈格子状的布局，整个城市的道路规划设计井然有序。马车行走的道路和供人出行的道路分开，路面清晰可见车辙的痕迹（参见图 36）。沿着城市的道路还设有排放雨水的沟渠，道路的路口处所设的大石块，或许就是今天人行横道的雏形。住宅墙壁残留的壁画是采用湿绘壁画的方式创作的，即在尚未干透的熟石膏墙面上，用水调配好颜料直接在墙面绘制而成。由于颜料在熟石膏的墙面染绘，而熟石膏遇到空气中的二氧化碳会发生化学反应，因而直接在墙面上形成一层保护膜从而延长了壁画的寿命；但是当湿度过高时，会使这层保护膜溶解，进而会使壁画造成损坏。万幸的是由于火山灰起着近似干燥剂的作用，才使庞贝古城墙面的壁画历经了 1800 年的沧桑，色彩依然保持鲜艳。

公元前 80 年建造的庞贝竞技场是古罗马时期最古老的竞技场（参见图 37）。该竞技场为椭圆形的形状，其长轴长为 170m，短轴长 141m，可以同时容纳 2 万人一起观赛。竞技场和剧场一样都是古罗马时期的人们用于休闲娱乐的场所，和古罗马的圆形大剧场相比，该竞技场的建造更显得经济实用。

埃尔科拉诺位于那不勒斯市和庞贝古城之间，和庞贝古城一样是由于维苏威火山的大喷发，使得整座城市被掩埋，因而得以保留当年城市的原貌。埃尔科拉诺是古罗马时期建造靠海别墅的首选之地，并以此引以为耀。

埃尔科拉诺城的地势沿海岸线倾斜，整座城市依海而建，街道两边也

[图37] 庞贝的竞技场

竞技场和剧场一样都是古罗马时期的人们用于休闲娱乐的场所。这座于公元前80年建造的竞技场是古罗马时期最古老的竞技场。

［图38］埃尔科拉诺城的住宅建筑
30cm厚的墙壁将不同的住户分隔开来，从保留的残垣断壁中仍可以看到当年砌筑的痕迹，墙壁采用了石砌建筑的方式并用混凝土进行加固。住宅的墙壁上保留着木制横梁被熔岩炭化后的痕迹，从残旧的遗迹中依稀可见当年埃尔科拉诺城的影子。

有和庞贝古城一样的人行步道（参见图 38）。相邻住户的房屋建筑共用一道墙壁，并被这道墙壁分隔开来。建筑物的周围被墙壁所环绕，除了大门之外不再设有其他的开口；为了能使阳光照射到房间的内部,建筑物的中心都建有中央院落，各房间围绕着中央院落进行平面布局。尽管埃尔科拉诺遭受到和庞贝古城一样的灭顶之灾，但是其不同于庞贝古城，至今仍有很多遗迹未被发掘修复。

中世纪的建筑技术

中世纪一般是指从西罗马帝国灭亡（公元 476 年）至东罗马帝国灭亡（1453 年）将近 1000 年期间，在这之前被看成是古代，在这之后被看成是近代。

中世纪最具代表性的建筑是教堂类的建筑。教堂的建筑风格从公元 1000 年的罗马式风格逐渐转变成哥特式风格。建筑技术历经古罗马时期到东罗马帝国时期的转变，这一时期拜占庭的建筑技术也逐渐兴起。但是在这一时期的罗马式建筑中很少看到古罗马建筑中常见的拱门和拱顶结构，也很少应用混凝土的施工技术。欧洲的中世纪被看成是历史上最黑暗的时代,公元 1000 年以前的建筑技术发展也被看成是最黑暗的时期，也是建筑技术衰败的时代。

长方形会堂

早期的罗马式风格的教堂建筑继承了古罗马时期长方形会堂的建筑结构和建筑样式（参见图 39）。这种长方形会堂是古罗马时期被用作法庭和交易所等公众聚集的设施建筑，后来被用作基督教的教堂。

这种长方形会堂建筑中央大厅的两侧设有廊厅，顶棚上架设了悬山式人字形的屋顶，此类建筑的墙壁较厚而窗户较小。在公元 1000 年之后欧洲兴起建造罗马式风格的教堂，为了避免教堂周围发生的火灾波及教堂，因而教堂的屋顶采用了防火材料和防火结构的设计。教堂的屋顶采用石砌的拱顶结构，墙壁上的开口采用了罗马式风格的半圆式拱门的结构造型。教堂的高窗也采用了半圆式拱门和拱顶的结构。当过廊上的半圆拱顶交汇在一起时形成了拱顶相贯，相贯后的拱顶构成了新的结构形态（参见图 40）。

用料石砌筑而成的拱顶交汇在一起，所形成的相贯线并非为僵硬的脊线，

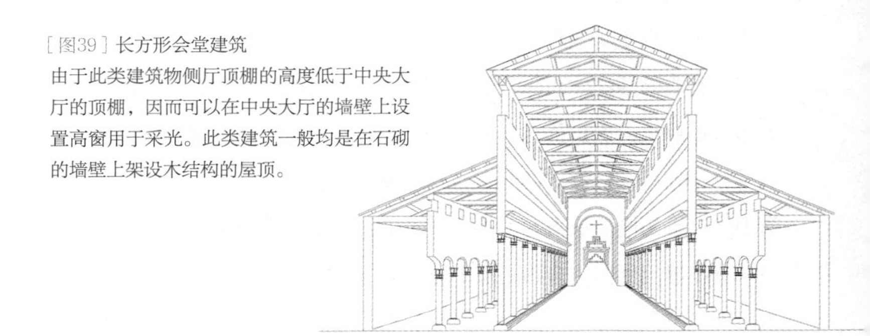

[图39] 长方形会堂建筑
由于此类建筑物侧厅顶棚的高度低于中央大厅的顶棚，因而可以在中央大厅的墙壁上设置高窗用于采光。此类建筑一般均是在石砌的墙壁上架设木结构的屋顶。

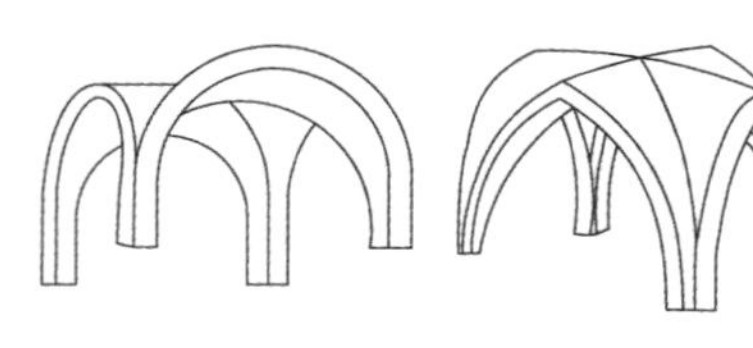

罗马式建筑的交汇拱顶　哥特式建筑的交汇拱顶

［图40］交汇的拱顶结构
压缩应力沿交汇的拱形分散。半球形拱顶和尖形拱顶相比，由于推力的作用使得半球形拱顶的高度和跨度不如尖形拱顶的高度高和跨度大。

而是圆滑的相贯线，即交汇在一起脊线形成了圆滑的自然过渡。拱形的顶棚坐落在墙壁之上，立柱、墙壁、肋拱支撑着拱顶，共同承担着拱顶的重量；起着加强作用的肋拱既发挥着支撑作用，同时也起着装饰结构的效果。当肋拱逐渐转变成尖肋拱顶之时，也就是哥特式教堂开始问世之日。

哥特式建筑

哥特式建筑结构的特点是尖肋拱顶（即：尖形的交汇拱顶）、飞扶壁（即：扶拱垛）、尖形拱门、石砌的屋顶等。

哥特式建筑交汇的拱顶是由混凝土或石材建造成的尖肋拱顶，侧向推力作用在拱底石上，使拱顶的跨度比普通的拱形建筑增加两倍，而且拱顶的高度也可以变得更高，整座建筑可以建得又高又大，并且尖肋拱顶也会增加人们向上仰视的欲望。

哥特式教堂的结构体系由尖肋拱顶和飞扶壁组成。其基本单元是在一个正方形或矩形平面四角的柱子上做双圆心骨架尖券，四边和对角线上各有一道拱券，屋面石板架在拱券上，形成拱顶。飞扶壁由侧厅外面的柱墩发券，平衡中厅拱脚的侧向推力。哥特式建筑中飞扶壁的作用被大大加强了，其分担来自主墙的侧向推力，支撑上方和下方的推力。现代的哥特式建筑由于采用钢筋材料进行施工，增强了建筑物的抗张强度，使得尖肋拱顶、飞扶壁能有机地成为一个整体，使建筑物的结构变得更加牢固。

中世纪建筑的局限性

中世纪的建筑既不同于古埃及和古希腊采用砌筑方式建造的建筑，也不同于古罗马时期采用混凝土建造的建筑。中世纪的建筑是部分地利用混凝土的特点，部分借用料石的特性，通过灰浆的连接作用形成弹性塑性良好的复杂建筑结构。

由于混凝土或石灰灰浆完全硬化需要几年的时间，因此使用这些材料建造的构筑物在完工之后，其仍然具有灰浆的塑性性质，会造成基础出现不同程度的沉降，也会因应力集中造成建筑物产生微小的变形，甚至使整体的建筑构造出现裂纹。只有当出现上述现象之后，整体的结构才会达到一个新的平衡状态。

由此可以看到中世纪的建筑并没有完全摆脱古罗马建筑的施工方式，只是用石灰灰浆替代了古罗马时期的混凝土施工技术。石灰灰浆也属于气硬性胶凝材料，其硬化速度较慢而且具有水溶性的特点，其综合性能远不及古罗马时代的混凝土材料。使用石灰灰浆材料建造的建筑不可能实现用混凝土材料所建造的复杂结构。由于被限定只能用石灰灰浆和料石建造砌筑类的建筑，因而这也成为阻碍中世纪建筑技术进一步发展的重要因素。

文艺复兴时期的建筑技术

文艺复兴时期的建筑主要是指从公元 1420 年至 17 世纪初期即中世纪以后在意大利佛罗伦萨所建造的各类建筑。文艺复兴实际上是指文艺复古，即复兴古典文化的运动。在建筑领域里的文艺复兴是指重新认识古希腊和古罗马时代建筑中所孕育的深刻文化内涵。

标志着开启文艺复兴时期的代表性建筑是花之圣母大教堂（即：佛罗伦萨大教堂）。这座哥特式建筑由阿诺尔福·迪·坎比奥主持设计并于1296年开工建造，1380年完成了该长方形教堂的基础工程，但是没有完成架设穹顶和在穹顶上安装8个圆形采光窗的工程。由于教堂的穹顶借鉴了万神殿的造型，其内径达到了43m并采用砌筑的结构，而在当时世界上并没有建造此类建筑的先例，因而如何施工成为了难以解决的问题。在教堂基础工程完工后的近40年期间，一直没有进行穹顶工程的施工①。

被放置近40年一直没有屋顶的大教堂，终于在1418年启动了穹顶工程的建造。通过举行公开征集屋顶建造方案的比赛，终于征集到了能实现该教堂大直径穹顶之梦的建造方案。

建筑师布鲁内莱斯基的建造方案受到了人们的一致认可。布鲁内莱斯基方案的一个特点是在砖砌穹顶的结构中不用架设任何拱架只需进行逐层砌筑。在当时的文艺复兴时期，不借用架设拱架而将直径达43m的穹顶建造完成，在拥有先进机械化施工技术的当代人的眼中，布鲁内莱斯基真可谓是一位天才的设计大师。

教堂的穹顶于1420年开工建造，于1436年竣工完成。至此历经140年的蹉跎岁月之后，花之圣母大教堂终于才算大功告成（参见图41）。这座大教堂宽度为90m、长度为153m、高度为107m。其穹顶为双重的

---

① 在这期间曾于1366年为改变超大型的穹顶结构举行过变更原先设计的比赛，但是大多数的方案都是将已经完工的穹顶基础工程重新进行改建。在这次比赛中纳利·迪·费奥拉班德的方案是保留原来的阿诺尔福方案中八角形双重穹顶的设计思想，而在穹顶的底部安装张力环结构来承担侧向推力。现存的穹顶原形仍可以看到这样的设计。

［图41］花之圣母大教堂的八角形穹顶（布鲁内莱斯基/1436年）
穹顶的外层具有防水和观赏的功能，而内层则体现了其结构构成。8条肋拱内外兼顾，内层和外层之间还设有2条小型肋拱。

结构，其外径为建筑物高度的二分之一，即为 53m；其内径为 43m。

八角形穹顶的力学形状

花之圣母大教堂八角形穹顶的 8 条肋拱构成了 4 组拱门的结构造型（参见图 42）。一般哥特式教堂的交汇拱顶是由两个尖肋拱顶构成，应力集中于两组交汇的拱形结构。而这座八角形的穹顶和水平面之间的夹角呈 45°，应力集中于由四个尖肋拱顶所构成交汇的拱形结构。

穹顶采用了砌筑方法由下至上逐层进行施工，逐层往上的倾斜角度逐渐变大，最大的倾斜角度可以达到 60° 。当倾斜角度达到 30° 的时候，由于灰浆没有完全硬化，为了保证现有的砌筑结构的稳定，避免因粘结力不高而出现滑动的现象，所以通过架设临时的拱架以确保结构的基本稳定。当上部的砌筑体完全硬化之后，再进行后续的施工。

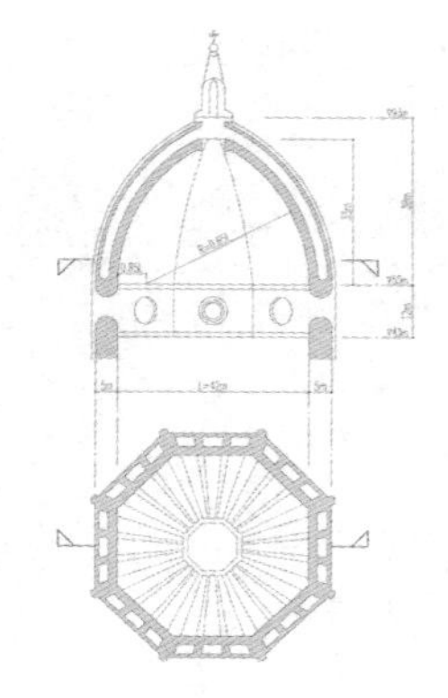

［图42］花之圣母大教堂的穹顶示意图
穹顶的厚度接近5m，水平方向对称设置了4组张力拉环结构（石质材料）而没有飞扶壁。尖形拱顶的半径相当于85%的跨度，砖块沿水平方向逐层向上砌筑，穹顶的底部切线方向和顶部水平线间的夹角约为60° 。

在《天才的建筑师布鲁内莱斯基》（ROSS KING 著 / 田边希久子译 / 东京书籍出版 /2002 年）一书中，曾经记述有“每块砖的宽度为 12cm、长度为 20cm。一个月只砌筑 4 层的砖，高度为 30cm 左右”的文字，由此可以推断，每块砖的厚度为 7cm 左右。花之圣母大教堂穹顶内壁的厚度达到了 2m，因此需要面向穹顶的中心砌筑至少 10 列这种规格的砖（边长为 20cm）。为了使作为砌砖接缝材料的灰浆能充分硬化，所以每砌筑这薄薄的一层砖，平均需要至少一周的时间。尽管这种薄砖的每块分量很轻，但是为避免在砌筑的时候出现滑落的现象，所以需要架设临时性的拱形支架进行作业。

由于最初穹顶的设计方案资料不全，所以布鲁内莱斯基在已经完工的穹顶基础工程中底部使用料石砌筑，而上部采用了重量较轻的砌砖材料。布鲁内莱斯基在充分研究了古罗马时期的施工技术基础上，借鉴万神殿上部使用重量较轻的混凝土材料的做法，采用了以砌砖作为建筑材料建造穹顶。

其尖形拱顶的跨度为43m，拱顶由半径为跨度的85%圆弧构成了半球形几何构造。拱顶的高度也相当于跨度的85%，和古罗马时代著名的万神殿（其高度只相当于跨度的50%）相比其所产生的侧向推力则大幅度地下降。任何拱形结构欲实现侧向推力为零的情况是完全不可能的。为了解决尖形拱顶所产生的侧向推力问题，在最初的设计方案中采用了张力拉环的结构设计模式。

尖形拱顶由4组拱门结构环绕构成，拱门结构的最高点也成为了尖形拱顶的最高处。由于采用了张力拉环的设计结构，较好地解决了尖形拱顶所出现的侧向推力的问题，从而使穹顶结构更加牢固。在尖形拱顶上设立了4组张力拉环结构，这些结构安装在内侧的墙壁上。这种拉环结构并不是采用铁质的构造，而是采用石质的啮合结构进行相互咬合所形成的巧妙构造。

产业革命和铁质结构

18世纪中期，英国开启了最早的产业革命。由于产业革命的进步而使得生活物资的生产变得更为丰富，也使得产品的价格变得更加低廉，从而进一步引发了人们生活的革命。而大量的生活消费反而更加促进了扩大再生产，其结果就形成了需求和供给之间的螺旋式上升的变化格局，并由此拉开了近代社会革命的序幕。由于产业革命的发展需要大量的能源，英国传统的木炭供给由于木材的短缺而陷入日益枯竭，而其蕴藏丰富的煤炭资源逐渐成为其产业革命不可缺少的新型能源。

18世纪初期，英国的亚伯拉罕·德比父子开启了采用燃烧后能产生高温的煤炭进行冶炼铸铁的先河。由于铸铁的大量生产，使得很多领域都采用铸铁作为基本的材料，因而也出现了铁质结构的桥梁。1779年在德比的工厂也生产了用铸铁制造的桥梁（即跨度为 31m 的拱桥）。由于铸铁的机械性能比较脆且加工性能不好，并且很难达到人们所希望的抗张强度，因此最初的铸铁建筑构件多集中用于生产小型立柱及拱门一类的结构件。

19 世纪中期出现了加工性能优良且抗张强度较高的熟铁（即锻铁）材料。而这一时期的人们正怀着极大的兴致关注着世界博览会的一举一动。

居斯塔夫·埃菲尔在为巴黎举办世界博览会之际，采用熟铁材料设计建造了著名的埃菲尔铁塔。1856 年英国的工程师亨利·贝西默将转炉改造成平炉，并在熟铁的基础上冶炼出了强度很高的钢材（即：Steel）。亨利·贝西默所发明的成本较低的制造钢铁的方法，起到了划时代的作用。埃菲尔尽管在建造埃菲尔铁塔的时候可以使用贝西默所发明冶炼的钢铁，但是由于当时的人们还习惯于采用熟铁材料进行建筑施工，因而没有采用性能更好的钢铁材料。

19 世纪中期也是铁路建设大发展的时代。由于工业化的大生产使得炼铁的成本逐渐下降，钢铁由人们所需要的生活物资逐渐扩大为工作机械和铁路设施所必需的设备材料。在欧洲进行铁路建设的高潮时期，1877 年埃菲尔在葡萄牙的波尔图建造马瑞阿比亚（MariaPia）铁道桥时，其建造速度令人吃惊。由于在建设铁路的同时，还需要同时建造必要的桥梁和车站。因此欧洲建设铁路的时代也是在欧洲各地建造火车站的时代。欧洲很多当年建造的铁路设施至今仍在使用，由此可以看出当年欧洲的钢材生产和加工技术已经达到了令人吃惊的水平。

水晶宫

1851 年在英国伦敦成功举办了首次世界博览会，在这次博览会上汇集了当时19世纪人类进步的最新成果。举办博览会的会场被看成是水晶宫，整座建筑全部用钢铁和玻璃建造，也是人类最早采用钢结构建造的建筑。整座建筑的配件全部在工厂先期进行制作，和今天采用预制房屋建造方式有异曲同工之处。水晶宫建筑的设计者是帕克斯顿，他是从233位竞争者中脱颖而出的，而他本人实际上并不是建筑师，而是一位温室设计师。

从此之后，更多的建筑都采用了钢结构，并且在美国出现了以钢结构组合的新结构体系。其中这类结构的典型代表就是詹姆斯·伯加达斯的工厂建筑，该建筑为5层的构造，钢结构的立柱替代传统的砖砌立柱和墙壁，钢结构立柱支撑着整座楼层。这座历史上最早的钢结构立柱和横梁组合建筑，成为钢结构组合构造的新结构体系，而美国芝加哥的摩天大楼基本上也是在此基础上发展起来的。

近现代建筑的诞生

近代建筑起源于英国建筑师威廉·莫里斯，他根据工艺美术运动的兴起，深刻反思因产业革命所引起的生产无序化，主张要实现生活用品和艺术完美结合。随后的工艺美术运动对德国包豪斯学校（1919年建立）的办学产生了十分重要的影响。

彼得·贝伦斯在设计AEG涡轮工厂的厂房建筑时，也采取了产业和艺术相统一的观点，给人们展现出一种崭新的建筑设计理念（参见图43）。该涡轮工厂为钢结构的刚性构架，在设计时凸显钢架结构立柱和玻璃的结构特征。

在近代以前的建筑风格中很少能看到这种将结构体和主体建筑相分离的特点。传统的建筑设计均是将建筑和结构浑然成为一体，很少能从建

[图43] AEG涡轮工厂

建筑师在遵循传统建筑风格的同时，突出表现钢结构的框架构造，在20世纪的很多建筑中仍可以看到这一特点。

筑物外观样式中看到组合结构的构造特点。

近代建筑一个重要特点是其结构样式多种多样，这也令今天的建筑师感到十分的不解。以火车站的建筑为例，尽管其建筑物的外观基本上是传统的建筑式样，但是建筑物的内部基本为钢结构的刚性架构，使得建筑的形态和功能不能实现完美的统一。

20 世纪的前半期对建筑而言可谓是钢筋混凝土的时代。

1774 年英国人约翰·斯米顿在建造灯塔时，在古罗马水泥的基础上开发出新的水硬性水泥产品，并开始推广使用。而现在的硅酸盐水泥是由英国的砌砖匠人约瑟夫·阿斯普金于 1824 年发明的，他因发明这种新型的水硬性水泥而获得了专利保护。

1868 年法国的园林设计师莫里埃在混凝土的凹槽中心部安装了用钢筋编织的金属网，这就是最早的钢筋混凝土，并依此也获得了专利保护。随后法国的工程师弗朗索瓦·安奈比克在建筑施工中开始全面使用钢筋混凝土。安奈比克同时也是一个建筑承包商，在欧洲各地到处承接各类建筑工程，他不愧为用钢筋混凝土结构施工的先驱者。

1880 ~ 1900 年学者们开始研究钢筋混凝土的结构理论，1910 年钢筋混凝土结构在欧洲和美国的建筑施工中已经被广泛地普及应用。

奥格斯特·佩雷既是建筑师同时也是结构师，尽管他出生于比利时，但是他长期在法国工作。奥格斯特·佩雷不仅用心钻研钢筋混凝土施工技术，而且努力追求钢筋混凝土结构的艺术表现，是完美展现钢筋混凝土特点的艺术大师。柯布西耶和格罗皮乌斯也是充分借助新建筑材料展现建筑物艺术魅力的建筑大师，他们的建筑思想对世界上众多的建筑师都产生了十分深远的影响。他们一方面提倡在建筑物中要应用传统的木结构立柱和横梁，另一方面也批判抛弃钢筋混凝土结构的极端做法。

奥格斯特·佩雷的代表作是邯锡大教堂（1923 年），整座建筑物的四周全部设有开口，该建筑工程采用了预制混凝土的施工技术，预制的网状壁板展现着开放的空间，纤细的圆柱支撑着建筑物的屋顶，这种用混凝土建造的哥特式建筑给人一种与众不同的教堂空间感觉（参见图 44）。

在佩雷事务所和贝伦斯事务所学习建筑设计的勒·柯布西耶为现代建筑的发展发挥了十分重要的作用，柯布西耶和密斯、赖特并称为现代建筑的三大巨匠。他们所倡导的“建筑是居住的机械”“多米诺体系”“现代建筑的五个基本原则”等思想，对后来的现代建筑的发展产生了十分深远的影响。萨伏伊别墅（1931 年）是集中体现柯布西耶现代建筑的五个基本原则思想的代表之作（参见图 45）。

尽管由于新型结构材料的不断问世，使得现代建筑可以摆脱传统建筑结构思想的束缚，让建筑师可以自由地表现不同的建筑风格，但是这种自由表现建筑设计思想所带来的后果，则是造成了建筑秩序的混乱，引发了各种矛盾的出现。如何解决好这一难题，则是对广大建筑师和结构设计师提出的新的挑战。

[图44] 邯锡大教堂的内部空间

这座用钢筋混凝土建造的教堂，就如同用石材砌筑的空间一样，这里充分展现了新型建筑材料所具有的魅力。教堂内部纤细的铸铁立柱支撑着高耸的顶棚，给人一种完全不同的空间体验。

[图45] 萨伏伊别墅
因为在该建筑中使用了高强度的新型建筑材料，所以可以用纤细的立柱支撑整座建筑物。在现代建筑中由于可以实现主体建筑和结构的分离，因而建筑师可以自由地展现不同的建筑风格。

20世纪末期的高技派建筑和极简主义风格建筑

高技派建筑是指在 20 世纪 70 年代之后出现的一种建筑流派，该建筑流派主张在建筑设计中尽可能地应用现代的工业技术，以讴歌不断变革的社会，展现一种高度进步的时代精神。尽管柯布西耶和密斯等建筑大师开启了现代建筑的先河，但是随着社会的进步和发展，更多的建筑师更加关注能源、环境等新的社会热点，并在其建筑作品中集中表现这些主题，逐渐形成了后现代主义的建筑风格。

1977 年竣工的法国蓬皮杜文化艺术中心采用了不同于现代主义的建筑设计思想。该建筑并没有将不可缺少的结构和设备要素隐藏起来，而是将其直接裸露在建筑物的表面，和该建筑物的主要建筑要素一同展现在公众面前。

1985 年由英国建筑师诺曼·福斯特和奥帕·艾拉普工程公司共同进行结构设计的中国香港上海银行总部大厦（即汇丰银行大厦）竣工（参见图 46）。该建筑采用了钢结构的悬挂体系，巨型桁架分 5 层悬挂在 8 根格构柱上，巨型悬挂体系将整个建筑悬挂在主构架上，实现了结构、空间、功能的完美结合。

1996 年竣工的东京国际论坛大厦（即玻璃大厦）两组高大的钢架结构立

柱支撑着屋顶的巨型龙骨（长度为200m），带有弧面的玻璃幕墙（高度为55m，长度为200m）由3层的拉伸钢索固定；玻璃幕墙和屋顶相互独立。

［图46］中国香港上海银行大厦（即汇丰银行大厦）

这座世界上最先采用钢架结构悬挂体系的超高层建筑，汇集了当时世界上最先进的建筑施工技术，整座建筑高度达170m，共分成了44层。巨型悬挂体系将整座建筑悬挂在4组格构式立柱上，展现了力和美的设计风格。

高技派建筑的一个共性就是充分地表现其建筑结构特点，并多选用不锈钢、玻璃、销、螺栓等材料凸显其细部的结构特征，在设计时由于过分追求奢华，使得建筑物的工程造价过高。

在高技派建筑风格盛行的时代，也诞生了极简主义的建筑思想。20世纪60年代在美国出现了极简（Minimal）主义（Ism）设计思想，并影响涉及文化艺术领域中的各个范畴，除了视觉艺术的建筑、美术和设计之外，音乐及文学的表现形式亦受到极简主义的极大冲击。

极简主义风格的建筑是在现代主义建筑构成要素的基础上进行再构筑。例如对于现代主义风格的建筑物屋顶的压檐墙而言，如果采用金属防水材料而不是用传统的沥青防水材料进行防水处理，那么就没有必要再设计压檐墙一类的建筑结构；倘若不再设计压檐墙一类的建筑结构，则建筑物的轮廓将变得更加清晰，建筑物也会让人感觉更加轻巧。假如将传统建筑四周的墙壁全部用玻璃幕墙替代，无疑将增加建筑物的透明感,同时也能提高建筑物的轻便感。极简主义设计思想就是将地面、楼层、顶棚等相关的建筑要素进行重新审视，排除、省略、简化一些不必要的建筑要素，对相关的各类建筑要素重新进行构筑，从而实现只保留其中最基本的建筑要素，以实现极简主义的设计。

因此轻巧、透明、薄细的建筑特征则成为了 20 世纪末最流行的设计风格。

3 线之结构和面之结构

线的历史和面的历史

建筑的结构可以看成是线的结构和面的结构。以西方为代表的世界绝大多数地区，其建筑结构的历史均属于砖石砌筑结构的历史，即属于“面之结构”的历史；另一方面和砖石砌筑建筑文化几乎毫无渊源的日本则属于世界建筑史中一个极为特殊的区域，其建筑结构的历史就是木质框架结构的历史，即属于“线之结构”的历史。

木质框架结构的建筑物的屋顶、墙壁能有机地结合成为一个整体，很难将其整体的建筑与结构分离开来。而现代建筑由于采用了钢架结构或钢筋混凝土结构，才可能使建筑物“骨骼”从建筑中分离出“线之结构”。

从面之结构到线之结构

罗马式拱顶建筑的屋顶为砖石砌筑的结构，尽管墙壁支撑着交汇式拱顶形成“面之结构”，但是四周加强的拱肋促使应力更加集中。哥特式建筑是在罗马式建筑的基础上发展而来的，其飞扶壁和立柱等支撑体系形成了最初的“线之结构”的雏形。

若从力学角度来理解“面之结构”，则其具有使应力分散的含义；反观“线之结构”则具有使应力集中的含义。哥特式建筑为了能使阳光照射到整个建筑物的内部空间，整座建筑物一般都高大宏伟，其建筑结构也逐渐从“面之结构”向“线之结构”进行转化。

在20世纪初期，自诞生了现代主义风格的建筑之后，欧洲建筑的历史一直以此在延续发展。其传统砖砌墙壁支撑楼面的建筑结构逐渐转变为钢架结构立柱的支撑构造，传统的砖石砌筑外观墙壁也逐渐被开放式的玻璃门窗所替代，并且逐渐发展成为各类超高层建筑。按照建筑大师柯布西耶关于“现代建筑的五大原则（对钢筋混凝土结构而言）”的理论，传统建筑实现了由“面之结构”向“线之结构”的转变,形成了具有“线之结构”的现代主义建筑的风格。

再转向“面之结构”

在“线之结构”的背景之下诞生的现代主义风格的建筑，使人们从人类文明的重压中解放出来，不再受传统砖石砌筑结构的束缚。钢铁和钢筋混凝土等新型建筑材料的问世，为现代主义风格的建筑的问世发挥了极其重要的作用。由于这两种新型建筑结构材料的出现，使得从事结构设计的专业人士从建筑设计师中分离出来，历史上首次成为一种独立的职业。

由于建筑师和结构技术人员（即结构师）所从事的专业领域不同，因而在工程建筑中由此而引发了一些新的矛盾。建筑是以人类为设计对象，即要规划好人们在建筑物中的生活及工作；而结构是以自然为设计对象，即要解决好各类工程的科学问题。人类生活和工程科学之间可能会出现各种矛盾，如何解决这些矛盾，则需要建筑师和结构设计师相互沟通，并充分发挥建筑师和结构师的智慧。倘若建筑大师柯布西耶要求作为结构的立柱和墙壁之间一定要分离开来，这就需要采用独立的结构设计方案与建筑师设计思想铰接（Articulation）。前川先生和丹下先生在“二战”后率先将日本传统的木质框架建筑结构转变成钢筋混凝土结构，为日本功能主义的建筑掀开了历史的新篇章。

尽管在建造日本的传统建筑时，其建筑和结构之间的关系并不像现代主义风格的建筑那样分工明细，但是在建造现代建筑时，结构设计方案往往和建筑设计方案不相匹配。特别是日本不同于欧洲等世界其他地区，是世界上少有的易发生地震的国家，对结构设计的标准比其他地区要高出很多，这也是引起众多日本建筑师头痛之处。

在20世纪初期，由于奥古斯特·佩雷、柯布西耶、格罗皮乌斯等近代建筑大师将钢筋混凝土结构作为框架结构使用和推广，因此，钢筋混凝土结构被传到了日本。

在计算机尚不普及的时代，钢筋混凝土结构理论被当作框架结构理论的一部分，因而在日本钢筋混凝土结构被看成是刚性框架抗震结构的原型，并且现在仍在应用。

但是现在对建筑结构理论的研究已经完全不同于过去，现在已经实现了建筑和结构的相互融合，也完全有可能实现由线之结构到面之结构的转换。在今天这个时代，人们完全可以采用钢筋混凝土结构、钢架结构、木结构等建筑构造，自由地选择各类建筑材料重新实现“面之结构”，以追溯那久远的年代。

为什么要转向“面之结构”

建筑结构可以看成两个类型，一种是承载建筑物负荷并能抗击地震波冲击的主体结构，另一种是支撑内部功能的辅助结构。

建筑的目的是通过建造地面、墙壁、屋顶等空间要素以最终构筑建筑物。

通常在建造地面、墙壁、屋顶的时候，需要建造龙骨、横梁等辅助支撑结构，以起到辅助增强的效果，这类支撑结构就属于辅助结构体系，对建筑整体而言此类结构也是增强整体效果的“面之结构”。如果辅助的建筑材料强度只能支撑自身的重量，那么建筑物自重就需要其他的结构进行支撑，那么这样的结构就属于主体结构体系。

尽管辅助结构体系的空间可以进行相应的布局调整，但是主体结构体系的空间秩序一旦发生变化，则会造成很多意想不到的后果。“面之结构”的建筑物一旦确定支撑结构体系，其他问题就迎刃而解。而今天摆在结构设计师面前的课题是如何将钢材一类的“线之材料”转变成“面之结构”。

4 空间和结构体系

空间和结构体系

本节选择了具有代表性的结构体系阐述其和空间的相互关系。例如中国香港上海银行大厦（即：汇丰银行大厦）如何选择空间悬挂体系，悬挂结构体系和空间建筑之间的相互关系。

支撑建筑物的重量和支撑节点的相互位置关系决定了应当采用何种结构工程体系。不同楼层的重力分布是结构师确定结构节点的考虑因素，由于结构体系通过节点支撑全部的重量，因此可以将结构体系理解为重力作用下的压缩结构体系。

在设计中国香港上海银行大厦的结构体系时，结构师提出了在两组双塔式的结构上建造大厦各楼层建筑空间的方案。如果采用了这样一种结构设计方案，那么整座大厦将被玻璃幕墙所环绕，大厦建筑也就成为平庸的写字楼建筑。但是这座大厦的建筑师和结构师仔细考虑了大厦的空间特点，提出了全新的结构设计方案。正是由于采用这种与众不同的新型结构体系，才使中国香港上海银行大厦成为具有划时代意义的高技派超高层建筑的经典之作。

划时代建筑的诞生，会使人感到整个时代随着建筑风格的改变也在发生着巨大的变化。如何设计具有生命力的建筑，如何设计与其相配套的结构体系，对于建筑师和结构师而言，这正是他们孜孜不倦永远需要解决的课题。

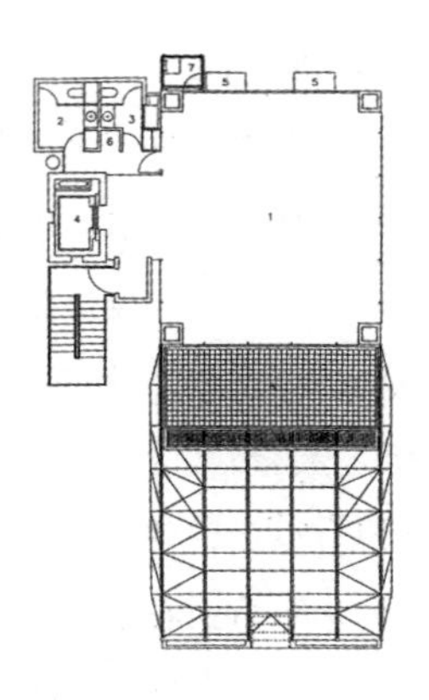

［图47］框架结构的实例（歌舞伎町工程项目）
该建筑采用了4根完全独立的支撑立柱将整体框架结构铰接（Articulation） 在一起。该建筑设计独特而精致，其工作室、上下楼梯、电梯、卫生间、设备间、天井等建筑要素全部暴露在该建筑的外表面。

框架结构（双方向体系）

框架结构的每根立柱其水平方向均要承受来自平面双方向的作用力（即地震波、狂风产生的力），而垂直方向需要承载各楼层的重量，其整体结构好似脚手架结构一样。仓库、事务所、商场等空间比较开阔的双向建筑通常均采用框架结构体系（参见图 47）。

20 世纪 60 年代是功能主义建筑层出不穷的年代，这一时期的功能主义建筑基本上均采用框架式结构。尽管此类框架结构可以解决双方向跨度和楼层高度等三方向的设计问题，但是由于建筑师的设计具有绝对的自由性，并不是所有建筑都适合采用框架结构体系，因此该结构体系时至今日也没有成为主流的建筑结构体系。

框架结构的抗震标准

日本钢筋混凝土建筑的抗震设计标准是在剪力墙抗震框架结构的基础上制定的。1981 年日本才开始实施现行的《新抗震设计标准》，在此之前的年代里，每当发生地震的时候，就会出现柱倒屋塌的现象；而在此之后，为了减少地震所造成的损失，该结构设计的标准不断被修订。

在实施新的抗震设计标准后的第 15 年，即 1995 年 1 月 17 日发生了阪神・淡路大地震，一些超高层的建筑和防震建筑由于没有采用旧标准而是采用新的结构设计标准，所以经受住了这次地震的冲击。由于在此次地震中倒塌和受到损坏的建筑物基本上是依照旧的结构设计标准建造的，而依照新的设计标准建造的超高层建筑和防震建筑并没有受到明显的损坏，因而没有必要对现行的结构设计标准进行修订。

但是日本传统的钢筋混凝土框架构造中并没有设置抗震墙，因而会造成整座建筑物结构的水平中心和地震所产生的作用力中心不重合。当地震引发的作用力和反作用力不在同一直线上的时候，容易造成建筑物产生扭曲和变形。如果在起平衡作用的墙壁和立柱的结合部设置相应的施工缝，这种墙壁就可以起到防震的作用。

依照日本《新抗震设计标准》设计的建筑尽管十分牢固，可是其钢筋混凝土框架的截面构造也较一般的建筑结构面积要大许多，造成此类建筑工程造价较高且居住性较差，因而并不受到开发商的欢迎。而且钢筋混凝土框架结构的建筑其材料的抗拉性能不高且材料自重过大，造成了此类建筑的抗震性能并不是很高。由于钢筋混凝土不如钢材具有韧性，且属于脆性的建筑材料，因而钢筋混凝土适于用作应力分散的建筑材料而不宜用作应力集中的建筑材料。

壁式结构（单方向体系①）

西方传统的砖石砌筑建筑和日本传统的木结构建筑均属于单方向体系结构，承受着来自水平方向的剪切力的作用。框架结构适用于应力集中的“线之结构”，而壁式结构则适用于应力分散的“面之结构”。

单方向体系结构的优点是有利于整体的建筑空间体系和结构体系实现完美的融合。倘若在不规则的建筑用地（例如：三角形用地）上进行施工，如果进行双方向框架结构的施工则会十分困难；而沿着三角形地块的某一边实施单方向体系的结构施工，则能更合理有效地利用空间环境。在不规则多样空间形状的环境中，采用单方向体系结构能使建筑方案有更多的设计选择。

如图 48 所示，本章选取了具有代表性的单方向钢筋混凝土壁式结构体系的实例。日本除了部分采用增强砌块结构的建筑之外，绝大多数的传统砖石砌筑建筑并不具有相当的抗震性能。

由于壁式结构依靠墙壁支撑整座建筑，因而不需要设计专门的支撑立柱和专用的横梁，其建筑结构和建筑空间实现了完美的融合。采用壁式结构体系建造的住宅建筑其内部空间一般不会很大，由于住宅单元内的各个房间全部被墙壁所环绕，因此房间的空间格局也被固定下来，今后

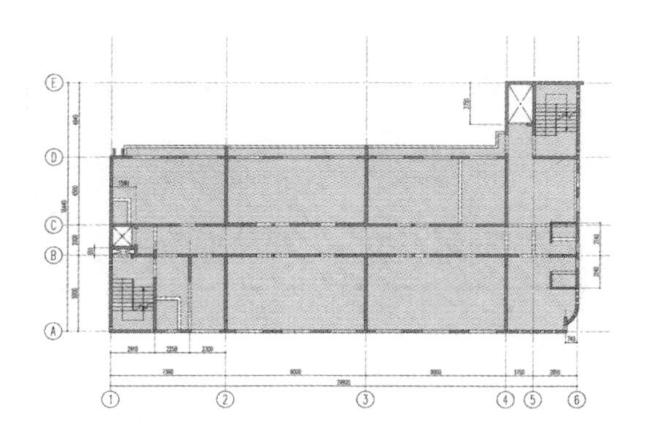

[图48] 壁式结构

壁式结构中的墙壁发挥着类似于立柱的支撑作用，设计师需要根据不同楼层的结构统筹规划墙壁的结构设计。

欲将房间的功能进行变更将变得十分困难。

壁式框架结构（单方向体系②）

根据钢筋混凝土结构的设计标准，壁式结构属于其中一种十分特别的构造形式。壁式框架结构（即：薄壁型框架结构）可以看作墙壁为同样厚度的框架结构的单方向增强构造体系，其结构设计均须依照剪力墙框架结构的标准进行设计计算（参见图 49）。

壁式结构由于相关的规定使其构造形式受到了诸多的限制，而壁式框架结构相对于壁式结构而言则设计形式就显得更为多样，也容易实现建筑方案中所希望达到的建筑目标，是一个能实现建筑方案设计思想的结构体系。

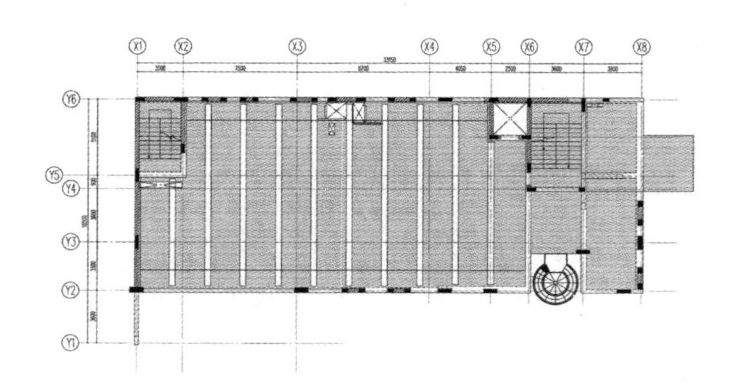

［图49］壁式框架结构

该建筑物的跨度为12.9m，其内部空间面积远远大于普通的住宅面积，并且没有各类的隔墙。此类建筑物的构造就属于壁式框架结构，楼层为钢架结构。

钢支撑结构（单方向体系③）

木质框架结构即属于单方向体系结构。日本传统的木结构住宅建筑由于设计的墙壁有限，因此此类住宅的抗震性能极低。在日本发生关东大地震（1923 年）的时候，此类住宅倒塌和发生火灾的超过了 10 万户，因此而死亡的人数也超过 10 万人。在灾后的第二年日本颁布实施了《市街地建筑物法》（即：现行《建筑基本法》的前身），确定了各类建筑物必须达到的抗震标准。现在的木质框架结构中的墙壁均是依照该法进行设计的，并由此诞生了具有防震的木质框架结构建筑。

钢支撑结构和木质框架结构采用完全相同的构造形式，其立柱较宽且宽度可以达到 10cm。钢支撑结构同混凝土结构相比其强度较高而重量变轻。如果建筑物采用框架式结构，就是遭遇强气流也不会发生摇晃并丝毫不影响其居住性。如何提高支撑式结构的使用功能，也是摆在设计师面前需要解决的课题之一。

钢支撑结构可以承受来自水平方向拉伸力的作用，并且其立柱不会发生弯曲。其立柱的宽度可以只是普通框架结构立柱宽度的

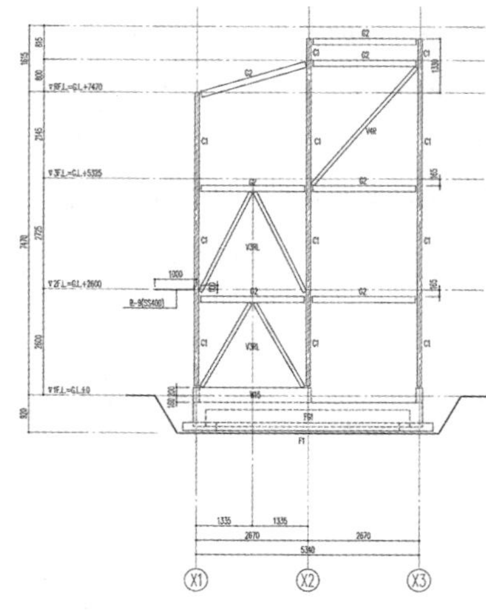

［图50］钢支撑结构之实例

钢支撑结构采用和木质框架结构完全相同的构造形式，其立柱较宽且宽度达到了10cm。由于钢材的强度较高，其具有木质结构无可比拟的优点，因而钢支撑结构是住宅建筑常采用的结构设计形式。

二分之一，且立柱的截面积仅为四分之一。采用钢支撑结构设计的住宅建筑完全可以达到木质框架结构的设计效果（参见图 50）。

单方向体系的钢支撑结构和双方向的框架结构相比，其更能实现建筑方案中所要达到的建筑目标。采用这种结构体系设计的结构空间可以进一步分为外壳结构和内壳结构。

外壳结构（管状结构）

所谓外壳结构就是建筑物的外部有类似贝壳一样的防震结构，而其内部结构的抗震性能并不是很高（参见图 49、图 51）。其内部结构支撑着整座建筑物的重量，并且保持着建筑物的各种使用功能，呈现出一种奢华的建筑构造。尽管此类结构的建筑设计可以充分保证建筑物外部和内部所应当具有的各种使用功能，但是由于其外壳结构的束缚使建筑物的外观设计受到了相当的限制。

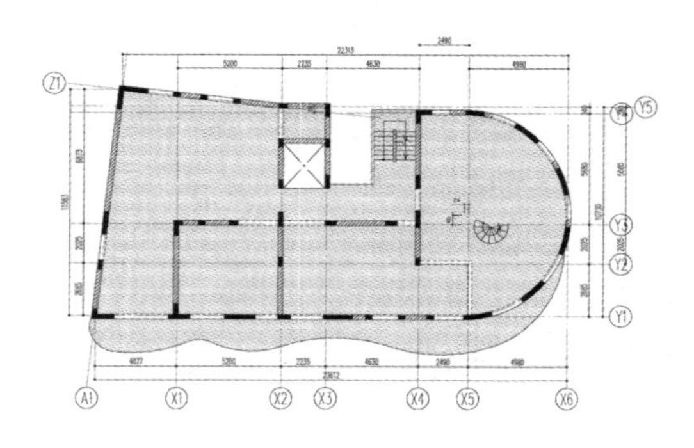

[图51] 钢筋混凝土外壳结构设计实例

钢筋混凝土结构可以依据建筑用地的外形进行平面布局，使建筑物能最大限度地利用土地资源。

如果从设计的合理性视角来看待这一构造，由于建筑物采用了外壳结构设计，故使其构造更为牢固，可以在其外部配置建筑物的其他附属结构，且可以保证附属结构具有很高的强度。由于采用外壳结构设计的建筑其建筑物的基本架构已经确定，从而使得建筑物内部结构可以不受防震要求的束缚，设计师在设计建筑方案时，更能充分发挥其想象的空间。

内壳结构（核心结构）

内壳结构相对于外壳结构而言，是在建筑物内部采用壳式结构的构造方式。以钢架结构建造的超高层建筑多采用长方形的平面布局，其平面布局的中央部位就采用核心结构的构造形式，如电梯井、楼梯间、服务大厅等处均采用此类构造形式。由于各类竖井从下至上均呈柱管状的结构特征，恰好符合了核心结构的构造特点。

若使其结构的核心部位牢固而稳定，该内壳结构的压缩结构体系和剪切结构体系的相互作用则需达到平衡。倘若外壳结构的管状构造过粗而内壳结构的管状构造过细，则会容易出现弯曲变形，从而造成建筑物的上层结构易产生振动，进而产生居住性不好等各种问题。为了解决这个问题，通常在建筑物外周的立柱和内壳核心之间用韧性很高的桁架梁进行连接，从而抑制了内壳结构可能会出现的弯曲形变。

由于建筑物内部的结构属于隐蔽式构造，而外观也多为隐藏式抗震构造，因而使设计者有了更多能拓展其设计思想的空间。

在住宅等低层建筑中，由于多采用钢筋混凝土式的建筑构造，从而确保了内壳结构具有足够的抗震功能。此类建筑物的外部一般被钢筋立柱所环绕，其可以承载楼层和外挂玻璃的负荷。目前日本的很多专业杂志都介绍各种内壳结构的设计实例。

不论在何种情况下，建筑物采用何种建筑构造并不重要，而重要的是怎样才能完成建筑师所设计的建筑；这需要结构师在充分领会设计方案的精髓之后，着手编制结构设计方案。

创造新的结构体系

不同的建筑设计方案决定着可能采用完全不同的结构体系。

在确定采用何种结构体系之前，结构师需要花费大量的时间以充分了解建筑师的设计思想。根据建筑师的设计思想，结构师提出相应的结构设计方案，以期能充分展现建筑师的设计理想。但是理想和现实之间往往还会有一尺之遥的距离。

采用何种结构设计体系对建筑师而言也是件十分重大的事情。在结构师提交结构设计方案之后，其主要工作就是如何付诸实施。在工程施工时还需要对结构设计方案进行进一步解析，分析其抗震功能，确定具体的工程计划，即要对编制好的结构体系方案具体执行。这也是对结构师能力的一种考验，这和结构师的资质和经验有着很大的关系。如果所提交的结构设计方案不能和建筑设计方案紧密关联，那么这样的结构体系方案遭到否定的概率就会很大。一个出色的结构设计方案往往就孕育在建筑设计规划之中，这是考验结构师智慧的关键。一个出色的结构师一看到建筑师提交的设计图纸，就应当在头脑中浮现出该建筑的内部构造，进而就能勾画出相应的结构体系草图。也就是说，一个优秀的结构师和建筑师的心灵是相通的，当其看到建筑设计图纸时，就能涌现出相应的结构设计方案。这是因为结构师和建筑师对建筑物有着共同的感悟，对建筑构造有着相同的理解。

一个好的结构设计方案必然和原建筑设计方案相吻合。建筑和结构之间本来就不存在任何对立的关系，结构师所创造的新结构体系应建立在原建筑设计方案基础之上，并和原建筑设计方案相融合。

5 减震结构和隔震结构

刚柔之争

在日本从事结构设计的学者之间对建筑结构存在着刚柔理论的争论。从 1923 年发生的关东大地震以来对建筑物结构所造成的破坏进行分析，学者们研究得出两种完全相反的结论：一种是建筑物必须具备足够的刚性和强度；而另一种是建筑物应具有足够的柔韧性，即建筑物应该同柳枝随风飘曳一样，能沿着地震力的方向发生相应的振动。随着研究的进一步深入，发现地震波和建筑物固有周期存在着某种波谱关系，也使得对建筑结构的刚柔之争逐渐趋于明朗化（参见图 52）。

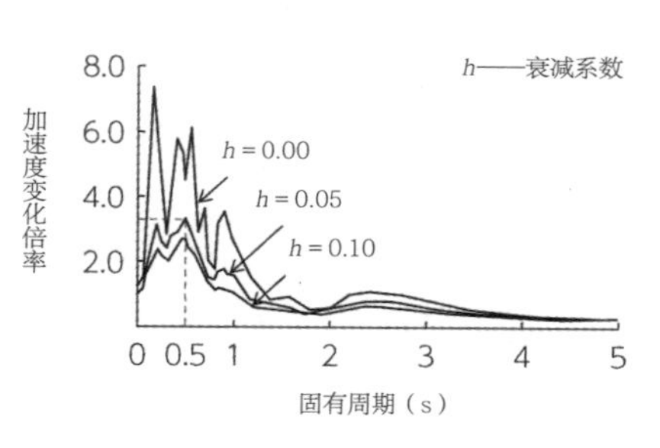

［图52］加速度波谱图

该图解析了某建筑物固有周期的特性，纵轴表示为相应的加速度，横轴表示为固有周期的特性。该图反映了周期在2s以上超高层建筑的波谱特点。

不同的地震类型对应着不同的加速度反应波谱图。这是因为地震是地壳遭到破坏之后而产生的自然现象，是对发生地震这一地点的地质特性的具体反映，因而这种自然现象在同一地点不具备再现的可能性。所有发生的地震都可以用波谱图进行描述，通过对波谱图的分析可以判断其属于哪一类型的地震。同样建筑物在地震发生时也有其固有周期波谱反应图，固有周期长的建筑物和固有周期短的建筑物相比，反应变化极小。

倘若衰减系数比较小，则建筑物对地震反应敏感，在发生地震时，建筑物会发生长时间的晃动。通过对波谱图分析，可以设法将建筑物的衰减系数变大，这样有利于建造减震结构的建筑物。

倘若在固有周期只有 0.5s 的坚硬建筑物上安装抗震措施，则可以将建筑物的固有周期提高至 3 ～ 5s，这就是抗震结构为什么能够吸收地震所产生的冲击波的重要原因。假如用钢筋混凝土所建造的 10 层以下的建筑物,其一次固有周期不足 0.6s,这说明该建筑物属于刚性很强的结构建筑。当发生地震时，此类建筑显然要比固有周期较长的柔性结构建筑所受到的地震冲击更大。此类刚性结构的建筑显然抗震性能较低，只有对此类建筑进行减震结构改造之后，才能提高其抗震性能。

日本建筑物的抗震结构设计标准是依据 1981 年出台的日本《新抗震设计法》（已经历经 30 年之久）的相关规定而制定的，根据该法可以将抗震结构分为强度抵抗型的结构和韧性指向型的结构（参见 Column–1）。

现在日本的结构设计界根据不同建筑物的功能要求，可以自主选择采取抗震结构、减震结构、隔震措施等不同构造形式，日本的结构设计已经步入到技术相当成熟的时期。

需采用抗震设计的相关区域

尽管全世界的地震带呈线状分布，区域相当广阔，但是绝大多数的地震带位于各大洋之中，而居住在地震带周边的人口数量还不到世界总人口数量的 10%，这些地区的人民所居住的建筑需采用必要的抗震结构设计。日本全国都处于环太平洋的地震带上，而位于南太平洋的新西兰、美国西海岸的加利福尼亚、南美洲的智利等其他人口密集区也均处在这条世界上最大的地震带上，深受地震灾害的威胁。位于欧洲地中海周边的意大利、阿尔及利亚、摩洛哥、中东地区，还有中国的内陆地区也处在世界主要的地震带上。

日本列岛的北部地处北美板块，而南半部则地处欧亚大陆板块。太平洋板块由东向下挤压北美板块，菲律宾板块由南向下挤压欧亚大陆板块，这些板块相互挤压的结果会造成地质板块发生扭曲变形，当扭曲变形达到一定限度时就会造成地下岩层发生断裂，从而引发海沟型地震。

从岩层的扭曲变形到岩层断裂而释放能量，这一循环往复的过程就构成了地震发生的历史，而日本列岛则命中注定永远都摆脱不了受到地震的冲击。尽管日本的命运如此，但是全世界都已经认识到通过采用抗震结构设计的建筑物，可以应对大自然所发起的挑战。

减震结构

日本人自古就认识到减震结构和抗震结构的工作原理，并且在 20 世纪 70 年代开始将减震结构和抗震结构大规模地实用化，应用在建筑结构的设计之中。

日本采用减震结构设计的建筑实例就是著名的五重塔（参见 CASE–1）。时至今日在日本还没有五重塔因地震和台风而倒塌的实例。日本的五重塔为何至今未倒的原因成为了自古以来的难解之谜，有人认为五重塔的中心立柱采用了一种减震结构，也有人认为是因为由塔身外凸的芯棒增加了塔的稳定性，还有人认为塔本身就是一种柱形结构。

1974 年竣工的美国纽约世界贸易中心大厦就是世界上早期采用减震结构实用化的典型实例（参见 CASE–2）。2001 年 9 月 11 日，美国同时发生多起恐怖袭击事件，两架被劫持的客机撞上了这座世界著名大厦的双塔建筑。双塔建筑在遭受到撞击后不久就发生了坍塌，这座世界著名的建筑顷刻之间就变成了废墟。

纽约原世界贸易中心双塔建筑的外部设计有刚性很高的圈梁，设计师在进行结构设计时就曾考虑到大厦可能会遭到撞击，这种圈梁可以在大厦遭到撞击时分散因撞击而产生的冲击，以避免立柱的损坏而引起大厦倒塌。而且原世界贸易中心还安装有防止因大风而出现摇曳的黏弹性阻尼器。

位于东京都的东京天空树既是新的东京铁塔，也是当今世界上采用减震结构理论进行设计的典型实例（参见 CASE-3）。东京天空树是目前世界第一高塔，承担着发射和接收各种数字信号的任务，其高度达到了 634m。东京天空树目前正在加紧施工，以期能于 2011 年 12 月竣工建成，并于翌年的春季向公众开放。该建筑的中心立柱采用了类似日本五重塔的中心立柱的减震结构，此类结构在日本也被称为 :“心柱减震”。

抗震结构是为了防止建筑物在发生地震时出现倒塌或损坏而采取的特殊的建筑构造，此类建筑构造在地震发生时能衰减所产生的冲击波，并吸收地震产生的能量，从而避免建筑物的损伤。减震结构是在建筑物中安装了特殊的衰减装置，此类衰减装置可以吸收地震所产生的能量，从而避免了地震对建筑结构可能带来的损害，因而提高了建筑物的抗震性能。普通的抗震结构只能保证提高建筑物的抗震性能，但是不能保证建筑物在经历了地震冲击之后能够继续使用。而采用了减震理论建造的结构体由于在设计时预留了足够的弹性，因而能确保此类建筑物在经历一般的地震冲击后仍能继续使用，此类建筑物具有更高的抗震性能。

钢结构的超高层建筑其固有周期比较长，属于衰减性能比较小的建筑结构体，当遇到强风时建筑物上部易发生摇摆，而使居住其上部的人们产生各类问题。目前钢结构的超高层建筑一般均安装有衰减装置，从而大大地提高了生活在超高层建筑中人们的居住性。近年来为了应对长周期地震而引发的各类问题，设计师们将重点放在如何进一步提高建筑物的衰减性能上。

目前使用的衰减装置主要分为黏性阻尼器、迟滞阻尼器、黏弹性阻尼器等多种类型，为改善超高层建筑的居住性能而使用的最广泛的阻尼器为 TMD（即：调谐质量阻尼器）。

位于台北市的 101 大楼就安装了 TMD 系统。在该大厦第 87 ~ 92 层中央为通透的立体空间，16 条 42m 长的缆索垂吊着一个硕大的铁锤（其直径为 5.5m、重量为 660t）。

铁锤的周期可以通过调整缆索的长度使其和大厦的固有周期达到一致，即均为 7s。由于铁锤的固有周期和大厦的固有周期可以完全一致，在大厦遭遇大风发生摇摆时，而垂吊在大厦上部的铁锤却处于相对静止的状态。这就巧妙地利用了铁锤的惯性作用，对大厦起到了良好的阻尼效果，从而抑制了大厦在遭遇到强风时会出现的摇摆现象。该大厦的 TMD 系统可以抑制强风所产生的 40% 振动，就是遭遇到百年一遇的台风，该 TMD 系统也可以将大厦的摇摆振幅控制在 150cm 以内。

为了将下垂式振动控制装置的固有周期调整为和建筑物固有周期完全一致的程度，在类似台北 101 大楼这样的建筑设施中，其 TMD 系统安装长度长达 42m 的缆索也是十分必要的。日本的许多超高层建筑也采取顶部安装 TMD 系统的方式，其作用原理和台北 101 大楼的下垂式振动控制系统的工作原理有异曲同工之处。

TMD 系统既有安装于大厦顶部的“集中型”阻尼系统，也有普通的“分散型”阻尼系统。液压阻尼器是“分散型”阻尼系统的典型代表。

液压型阻尼器的工作原理是依靠液压油推动油缸的活塞进行前后运动，从而产生黏性的迟滞作用。此类的油缸并不是完全封闭的，而是通过液压油的进出实现活塞的往复运动。物体所受到的迟滞作用大小和黏性流体的运动速度成正比，通过调整油缸的阀门可以改变液压油的进出量的多少，从而实现控制活塞运动的速度，并进而达到控制活塞迟滞作用（衰减作用）的大小。

黏性阻尼系统对流体的热依存性比较小，目前应用最多的是利用其流体的衰减作用来达到系统的平衡安定。如果强行将钢材和铅反复地进行塑性变形，就相当于在变形的过程中吸收振动能量而起到了迟滞作用，这也是迟滞阻尼器的工作原理。迟滞阻尼器由于反复地振动并发热，有可能会造成金属材料性能下降并产生疲劳现象。尤其是在经历了大地震之后，需要立即更换迟滞阻尼器。迟滞阻尼器的代表物为无粘结拉杆。

一般类型的拉杆倘若在受到来自右侧的地震冲击时，会产生拉伸作用；当受到来自左侧的地震冲击时，会产生压缩作用，甚至会发生弯曲。拉杆的最大缺陷就是有可能会产生弯曲现象。倘若能够解决无粘结拉杆可能会出现的弯曲问题，即解决金属材料可能会出现的屈服变形，将产生的压缩作用转换成拉伸作用，就可以很好地利用金属材料抗拉伸的特性了。

解决上述问题的一种方法就是在拉杆的外侧安装迟滞圈环，使其能够吸收振动时产生的能量，从而将其设计成控制振动的材料，或转变成能抗震的材料。

不能期望建筑物完全变成一个弹性体，依靠其弹性作用起到迟滞的效果。当弹性的弹簧完全伸长后，运动的物体则处于相对静止状态，此时运动的物体的位能为最大，和动能达到了一个相对的平衡状态。当将弹簧压缩之后，原先静止的物体又获得了动能，开始了新一轮的运动。这符合能量转换的法则，在物体运动停止之前，迟滞作用并不会停止。

减震结构就是在构造物中增加了迟滞功能，使其具有良好的衰减效果，能够吸收因狂风、地震、交通、步行等造成的有害振动，起到良好的缓冲效果。目前可以尝试用多种方法达到减震的效果。

隔震结构

减震结构多应用于固有周期较长的超高层建筑物，使其减少可能会产生的各种振动；而隔震结构多应用于固有周期较短的钢筋混凝土的中低层建筑物，以降低其可能遭受到的地震冲击。

隔震结构是在固有周期比较短的建筑中设置隔震层，即安装数层橡胶材料的隔离物，以增加建筑物的固有周期。当遇到地震时能降低地震的冲击力，通过隔震层达到吸收地震冲击波的效果（参见 Column-2）。

隔震结构的一个最显著特征就是通过隔震层起到阻断地震冲击波的作用。

和没有采用隔震结构的建筑物相比，凡是采用了隔震结构的建筑物都可以降低三分之一的地震冲击，使其免受地震的破坏。在日本凡是采用隔震结构施工的建筑物，很少在大地震中遭受到损坏。日本的集体住宅、办公室、医院、减灾设施、美术馆等众多建筑现在已经普遍采用了隔震结构的设计与施工。

根据图 52 所反映的地震能量的加速度波谱，我们可以看到建筑物固有周期和衰减系数之间的相互关系。采用隔震处理的钢筋混凝土建筑物其高度一般在 60m 以下，其固有周期为 1s 左右；而高度超过 100m 以上的超高层住宅一般将减震结构和隔震结构混合并用，并多为钢结构建筑。

衰减装置可以采用铅阻尼器、钢阻尼器、液压阻尼器、滑动轴承等不同类型。滑动轴承通过其滚轮承载垂直方向的负荷并能发生水平方向的移动，从而延长了隔震层的固有周期。弹性的滑动轴承和摩擦系数之间存在着相应的阻尼关系。为了避免在遭遇强风时建筑物发生位移的现象，结构设计师设定的阻尼系统屈服强度应远远大于建筑物遭遇强风时所产生的剪切应力。

隔震建筑的共同特征是必须设置必要的隔震层。由于隔震层和地面之间有可能会缓慢出现 40 ~ 50cm 的位移，因此建筑物的施工工地至少留有 90cm 的工程余量。在进行隔震层工程施工时，不仅需要考虑到隔震材料的材料费，还要考虑电梯、楼梯间、上下水管、燃气管等设备安装时的工程费，同时还需考虑各种施工缝的接缝问题，在实际施工时需要解决的其他问题也会有很多。

图 53 描述了两种抗震结构的恢复力的性能特点，图中的纵坐标表示恢复力，而横坐标表示位移。

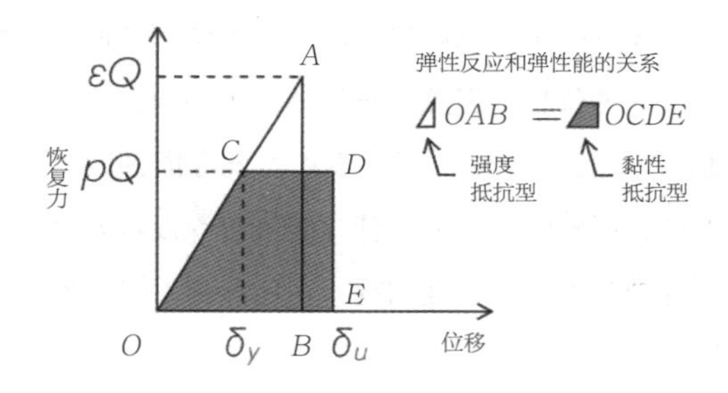

[图53] 两种恢复力的分析图
强度抵抗型和韧性指向型两种建筑物的恢复力如图53所示。

凡属于“强度抵抗型”的建筑物,图中的 *OA* 就表示在地震的作用下，弹性恢复力的直线型特性。弹性恢复力的直线型特性和建筑物的形变有着直接的关系，当建筑物发生变形时，建筑材料可以产生很大的应力，这种应力在一定程度上可以抵消地震所产生的冲击。地震力对建筑物所产生的动能在一定程度上转变成弹性能并储存在建筑结构体中。通常的能量大小用“力 × 距离”来表示，而储存起来的弹性能在图 53 中用三角形 *OAB* 的面积大小来表示。根据能量守恒之定律，从理论上认为在地震结束之后，储存起来的弹性能可以再次转变成动能发生自由振动并逐渐衰减至零，而实际上弹性能在衰减的过程中在一定时间内部分能量和空气作用又转变成热能。(“强度抵抗型”建筑主要是指

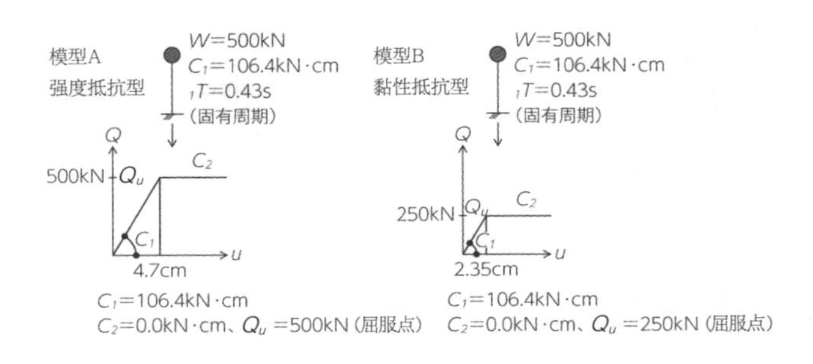

[图54] 两种模型的恢复力分析图

强度抵抗型和韧性指向型两种建筑物在遭受同一地震波的冲击时，其相应的模型所对应的能量反应如图所示。

高度在 20m 之内的钢筋混凝土建筑，以及木结构建筑、3 层以下的钢结构等低层建筑。)

而“韧性指向型”建筑是指在弹性范围内，可以抵抗地震冲击的一类建筑物，其特点是此类建筑物的建筑材料可以在一定范围内产生塑性变形，从而避免建筑物遭受破坏。图 53 中的 *OCD* 曲线就体现其弹性恢复力的特性，三角形 $OC\delta y$ 的面积表示弹性恢复力的大小，而四边形 $\delta yCD\delta u$ 的面积表示材料在部分屈服之后，在保持原有的一定强度的同时产生塑性变形，建筑物吸收地震产生的动能和地震所损失的能量相等。

倘若两种类型的建筑物所受到的地震冲击完全相等，则意味着“韧性指向型”建筑物所消耗的能量与储存起来的弹性能之和,与“强度抵抗型”的建筑物储存的弹性能完全相等。

如果进一步模拟两种类型建筑物在受到相同地震力冲击时发生振动的情况，选用的模型必须具有相同的刚性和质量，同时还必须具有相同的一次固有周期。假如选定韧性模型的钢筋量为强度模型钢筋量的二分之一，那么其屈服强度也只能达到强度模型的二分之一（参见图 54）。

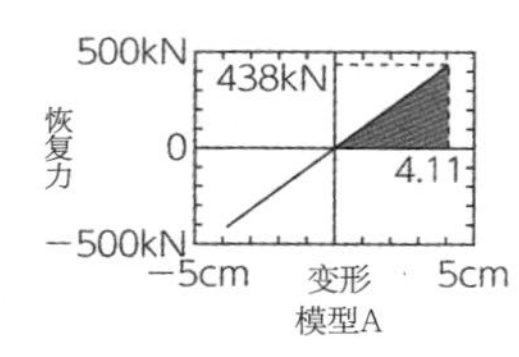

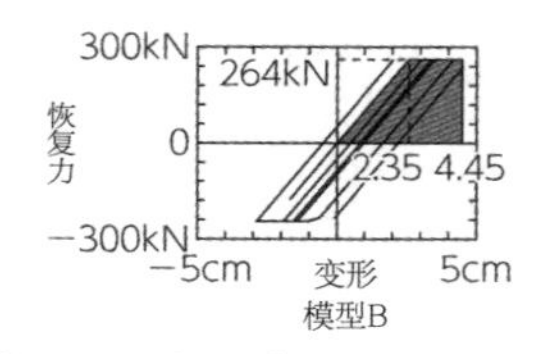

A=(4.11×438)/2=900kN·cm　B=(2.35×264)/2+(4.45−2.35)×264=865kN·cm

［图55］两种模型的阻尼反应图
采用埃尔森特罗NS400地震波所得出的振动分析结果。

实验显示当“强度抵抗型”的模型 A 最大反应剪切力为 438kN 时，其此时的变形为 4.11cm，即在遭受到地震冲击时其在结构体中储存的弹性能达到最大，即为图中三角形所围的面积值，可以达到 900kN · cm。

而“韧性指向型（黏性抵抗型）”的模型 B 最大反应剪切力达到 264kN 时，其此时的变形为 4.45cm，由于结构体中所储存的弹性能相当于图中三角形所围的面积值即等于 310 kN · cm，而引起建筑材料产生塑性变化所消耗的地震能为 554 kN · cm，所以储存的弹性能和消耗的能量合计为 865 kN · cm。与模型 A 储存的弹性能的数值大小几乎相等（参见图 55）。

为了确保建筑材料满足基本的弹性设计要求，模型中所需的钢筋量至少达到实际的二分之一。只有这样才能保证抗震设计所需的抗震强度达到实际的二分之一以上。

| Column-2 | 板式橡胶隔离器的水平刚性

如果以“R40-800-6.0-33”表示某种板式橡胶隔离器，其中的 40 是代表板式橡胶的剪切弹性为 0.39N/mm²，800 则表示橡胶隔离器的直径为 800mm，6.0 表示每层橡胶的厚度为 6mm，33 表示橡胶的层数为 33 层。

剪切弹性 G 与板式橡胶截面积 A 之积，则代表了板式橡胶的剪切刚性。如果再考虑板式橡胶高度 H 等因素，那么在剪切力 Q 的作用下所发生的水平位移 $\delta=(Q \cdot H) \div (G \cdot A)$。并由此计算出其水平刚性 $K=Q \div \delta = G \cdot A \div H=0.39 \times 502400 \div (6 \times 33)=990$N/mm。该水平刚性所代表的物理意义是当直径为 800mm 的板式橡胶隔离器的顶部作用 1kN 的水平力时，顶部出现的水平弹性位移为 1mm。由此可以看出板式橡胶隔离器的水平刚性的变化值非常小。

如果隔震层上所承载的建筑物质量用 M\{kN/（cm/s²）\} 来表示，隔震层的水平弹性用 K\{kN/cm\} 表示，则隔震层的固有周期 $T=2\pi\sqrt{(M/k)}$, 并且以秒为周期计算单位。根据弹性 K 的数值决定了固有周期的大小为 4 ~ 5s。

橡胶隔离器具有弹性恢复的能力，当地震发生时使其发生水平位移，在橡胶层内储存了大量具有恢复能力的弹性能；在地震结束时可以使建筑物恢复到原来的位置。板式橡胶平时承载的负荷必须在规定的设计标准之内，即板式橡胶表面的标准压强为 10 ~ 15 N/mm², 该数值比普通的混凝土长期允许压缩应力强度高出 9 N/mm²。

板式橡胶隔离器的直径应高出假定所发生水平位移的 1.5 倍以上。即假定发生的水平位移为 50cm，则隔离器的直径应该在 75cm 以上。隔震层的阻尼设施所产生的屈服剪切力应该为隔震层上建筑物总重量的 3% ~ 4%。

五重塔的特殊构造使其具有相似的特征（参见图 56）。

五重塔四周的侧柱和中央的立柱共计有 12 根，立柱和侧柱呈口字形布局，支撑着五重塔的多层建筑。五重塔采取了类似砖石砌筑建筑的构造，整体建筑向上并逐渐向内收进；位于塔中央的立柱被看成是中心柱，该中心立柱位于建筑物的中央，并贯穿于整座塔身的 5 层建筑；五重塔屋顶的外檐较普通的建筑宽 3 倍以上。整座建筑采用了十分复杂的斗拱构造，形成了较深的屋檐，屋顶全部由瓦覆盖。五重塔的立柱、中心柱、屋顶等结构特点是在其他同类木结构建筑中很难寻觅到的。

五重塔的中心立柱不但支撑着自身的重量，同时也支撑着整座 5 层建筑的荷重，同时也避免屋顶沿上下方向发生位移（《五重塔为何屹立不倒》，上田篤编著，新潮社出版，1996 年）。当遇到同样的台风时，和高度只有 6.42m 的法隆寺相比，五重塔 22.87m 的高度是其 3.56 倍，所遭受到的台风冲击更大，但是五重塔却和砖石砌筑建筑一样结构十分坚固。

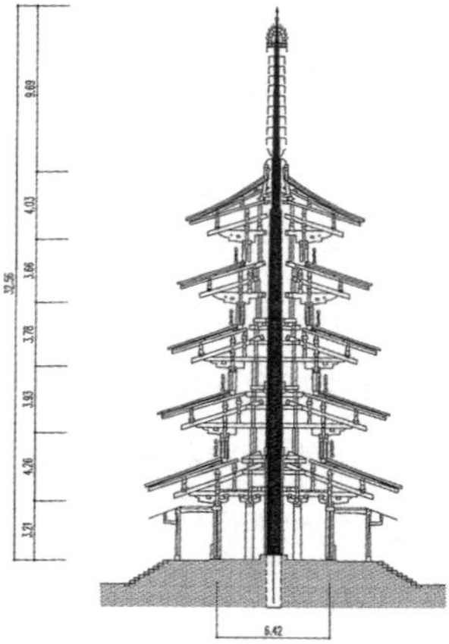

［图56］法隆寺内五重塔的剖面图
法隆寺内的五重塔历经1300多年，是已知的世界上最古老的木结构建筑之一。

在遇到地震的时候，尽管五重塔的中心立柱也会发生振动，但是五重塔的木结构使得中心立柱同时也发挥着减震的作用，因而在发生地震时五重塔能依然稳固。

在遭遇瞬时台风冲击时，以砖石结构的砌筑建筑能依靠其自身的重量实现整体的坚固。而木结构建筑则通过斗拱、榫卯所产生的水平剪切力发挥的衰减作用，来实现建筑物的稳固。当遇到地震波的冲击时，五重塔会像蛇一样发生晃动，其斗拱和榫卯之间的“松懈”振动，在一定程度上起到了缓冲地震冲击波的效果。这种类似蛇一样的晃动结果，就是五重塔的整体建筑在消耗地震产生的能量，从而实现了其抗震的功能。

倘若五重塔发生了倒塌，那一定是各楼层之间发生了错位，从而造成了中心立柱发生变形。人们可以通过模型分析线性到非线性的振动规律，安装监测仪器，解明其原理。

世界贸易中心大厦其平面图为 64m × 64m 的正方形，而其高度达到了 417m。由于该建筑的高宽比为 6.5，因而可将其看成是骨感的超高层建筑。

世界贸易中心大厦共计 110 层，下面 4 层构成了开阔的入口大厅，为了方便人们的进出，大厅四周立柱的间距为 3m（参见图 57）。5 ~ 110 层为办公层，四周立柱的间距只有 1m，在其他同类型建筑中很少能看到有如此密集的环绕立柱。

楼层采用了桁架梁的结构，并且桁架梁之间的间距为 2m，各楼层外圈还采用了类似圈梁的结构。桁架梁不仅承载着楼层的重量，外部的圈梁通过环绕立柱还能将重量直接传送到地面。由于桁架梁和圈梁采用了管状的构造，并且在其结合部还安装有黏弹性的阻尼装置，因而改善了整座建筑的居住性能，即使在狂风大作的情况下，整座建筑依然十分稳固（参见图 58）。

[图57] 世界贸易中心大厦的底部大厅
该大厦于1974年竣工，整座建筑110层，总高为417m。该大厦的设计者为日裔的建筑师山崎实和斯基林结构设计事务所纽约设计室的莱斯利・罗伯逊。

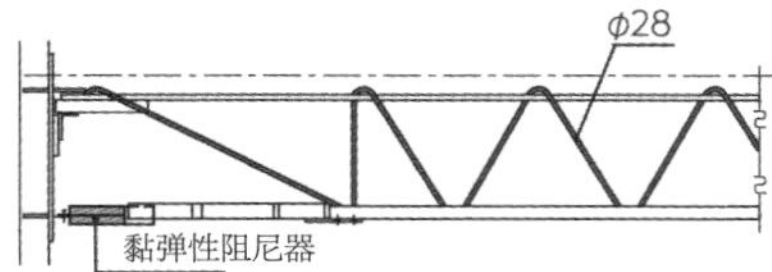

[图58] 世界贸易中心大厦的地面结构和振动控制装置

由于外部的圈梁采用了管状构造的特殊设计方式，即使在狂风的作用下圈梁也能表现出很强的刚性特点，仅出现很小的弯曲变形。设计师在设计大厦时已经考虑到要让外部圈梁具有很强的刚性，即便遭到航空器的撞击，也能尽量避免造成外部立柱有过多的损伤，所产生的冲击会通过圈梁和立柱迅速分散开来，避免因撞击而造成大厦损害并引起倒塌。

但是 2001 年 9 月 11 日大厦遭受到了令世人震惊的恐怖袭击，位于北侧的大厦（WTC1）最先受到撞击，并在撞击之后的 1 小时 43 分发生倒塌；而位于南侧的大厦（WTC2）随后也受到撞击，在撞击之后的 56 分完全倒塌。为什么位于北侧的大厦比南侧大厦具有近 2 倍时间的抗倒塌能力？

在美国遭受到 9·11 恐怖袭击之后，在该大厦的结构设计师莱斯利·罗伯逊来日本进行演讲期间，作者本人曾向其提出过上述问题。莱斯利·罗伯逊先生回答说："造成世界贸易中心大厦倒塌的首要因素是火灾，飞机直接撞击后大厦的结构依然良好，所以大厦在遭受到飞机撞击之后并没有立即发生倒塌"。

正如莱斯利·罗伯逊先生所描述的那样，尽管飞机撞击时的速度、位置、角度各不相同，撞击之后均造成了大厦的损伤，但是大厦并没有立即倒塌。只是在火灾之后，造成了建筑物钢架结构的立柱和横梁的强度大幅度下降。特别是发生火灾的楼层立柱和其上部楼层的楼面温度急剧上升，而且大厦在撞击之后耐火层被撞得四处飞散，由于其内部温度的急剧上升从而造成大厦的立柱和横梁的强度急剧下降。

发生火灾的楼层由于温度很高，使得其上部楼层的楼面因重力的作用而成为了弓形（参见图 59），故而其横梁构造的剪切强度和抗张强度

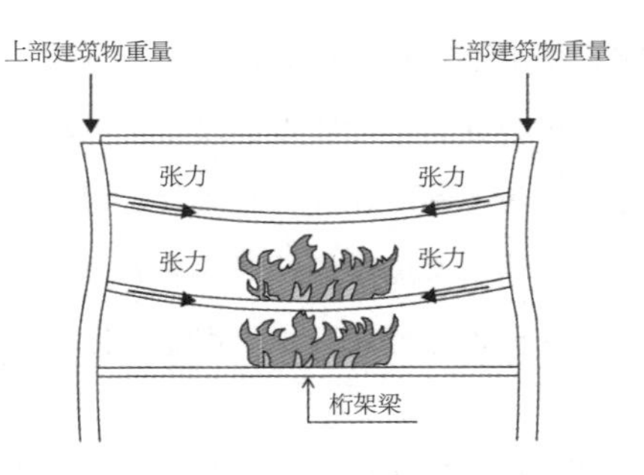

[图59] 世界贸易中心大厦发生倒塌原因的推理图

也发生了变化，横梁两端的立柱向内发生形变，同时造成四周的立柱也出现弯曲变形。在高温的持续作用之下，立柱的强度逐渐下降直至完全屈服。

由于位于北侧的大厦是其上部首先遭受到了撞击，而南侧的大厦是中部遭受到了撞击，因而造成两座大厦下部支撑立柱的承载能力出现了差异，所以两座大厦的抗倒塌能力时间相差了近 2 倍。

东京天空树的高度为 634m，高度和宽度比超过了 10，被认为是当今世界上最高的电视转播发射塔（参见图 60）。为了防止发射塔的天线随风摇摆，在发射塔的 350m 和 450m 的高度还设置了两个瞭望台，发射塔上安装了减震装置，以确保观光平台的稳定性和舒适性。

特别是东京天空树的固有周期长达 10s，是通常超高层建筑的数倍以上。近年来，如何延长建筑物固有周期作为减震的一种手段已经成为各方研究的热门课题。中心立柱减震(即在中心立柱上附加了质量控制装置）是新近研究的减震系统的典型代表。

发射塔的主体为管状的钢架结构建筑，第一瞭望台（其位置距地面高度为 350m）位于钢筋混凝土圆柱构造（其直径为 8m，最大厚度为 60m，高度为 375m）的塔身中央。

中心立柱（圆柱构造）不仅支撑着整座发射塔的全部重量，其重力的作用原理与重力作用于五重塔中心立柱的原理是完全一样的。从水平面地面往上 125m，采用了钢材结构，和塔身为一体化的结构，而在此之上的 250m 的部分，采用了完全不同的构造，位于顶部的中心立柱安装了液压阻尼装置，以达到控制塔身发生摇摆的可能性。

中心立柱的下部和塔身构成了一个整体，当地震、狂风对塔身产生冲击时，由于中心立柱的固有周期比塔身的固有周期长，因此造成在中心立柱的顶部出现了位移的相位差，从而产生了减震的效果。期待这种减震的效果，在强风大作时能发挥其衰减 30% 的效果，在地震发生时能发挥其衰减 50% 的效果。

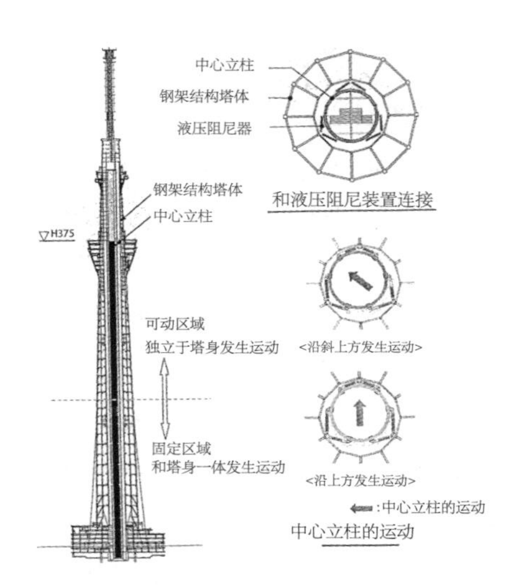

[图60] 东京天空树中心立柱减震概念图

引自：《东京天空树的抗震·防风设计》，小西厚夫著，参见2011年6月1日出版的早稻田大学理工学研究所之理工研报告特集号，第90~95页。

第三章　开发新的结构

在日本有句俗语："需要是发明之母"。本人根据不同的建筑设计需求，自主开发了各种新的结构设计类型。本章所列举的实例均是本人根据不同的建筑需求，所完成的不同结构设计方案。通过本章的阐述，希望能为读者展现本人在进行结构设计时内心世界的思考脉络。

System

01 结构分析程序的开发

Structural Analysis Program 1984

动机（Motivation）

长期以来从事建筑结构计算是一件十分单调的工作。在20世纪70年代以前，结构师只能凭借算盘和计算尺进行结构计算，而且还要依靠手工完成全部结构计算方案的书写。倘若对方案进行局部修改，那将是费时费力的苦差事。在那个时代结构计算被人看成是一种索然无味的工作。20世纪70年代中期以后，随着附带程序的计算器的出现，给传统的结构计算方式带来的了挑战。人们试图采用程序计算的方式摆脱传统的单调的计算模式，开始研究如何利用程序计算器完成繁杂的结构计算工作。

内容（Substance）

1984年日本开发出来了第一套结构计算程序软件（即：Structure System 1），并将其命名为SS1。由于该软件即可以反映建筑物的构造，也可以表达和地面相垂直的多个不同平面架构，并可以通过*X*、*Y*坐标自由设定不同的角度，因此设计师可以根据不同的设计平面，解析在垂直荷载和水平荷载作用下的应力变形特点，从而采用不同的结构材料进行断面结构设计。

现在结构计算程序软件的版本已经升级到SS21，结构设计师使用该程序可以轻松地编制高度在20m以下普通建筑的结构计算方案，并利用该

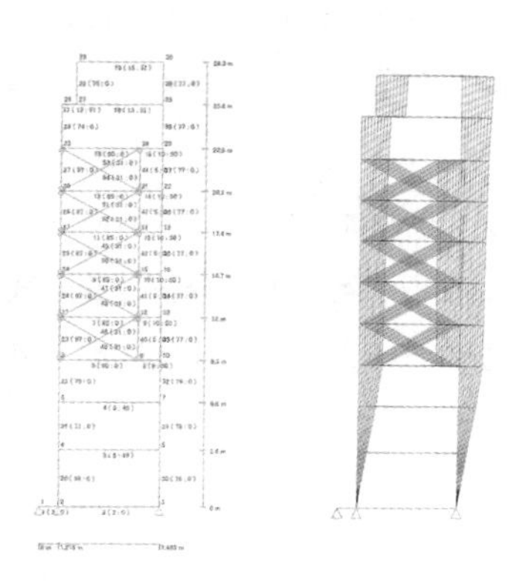

[图1] 截面模型化的实例

其为平面架构的模型化示意图，右侧为模拟地震发生时其发生位移的变化图。从图中可以看到下面3层产生了较大的位移，而其上部的层间位移变化则相对较小。

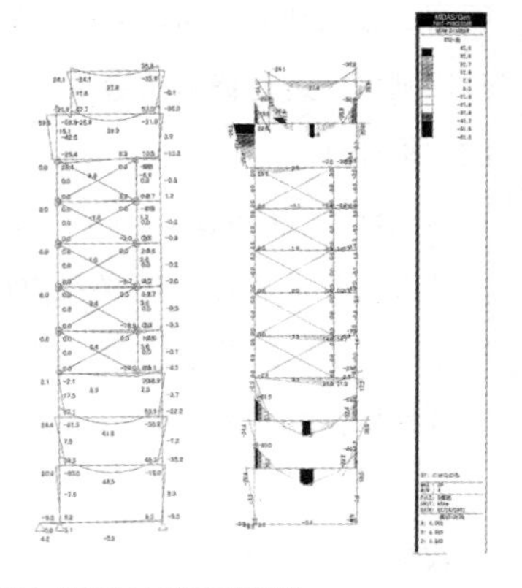

[图2] 分析受力结果的实例

左图所示是在受到垂直荷载作用时，发生弯曲变形的瞬间情形。右图为运用市场所销售的普通程序软件进行受力分析的结果，两者在精度上略有差异。

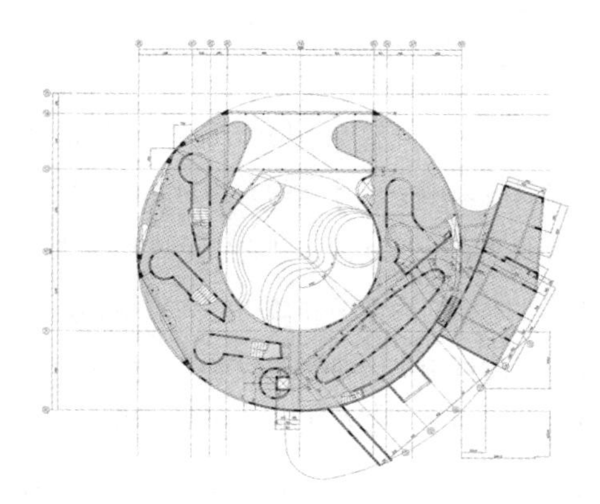

[图3] 单方向壁框架结构的实例（洲崎规划方案中的2层平面图）

该平面呈类似面包圈的布局，其直径为40m。立柱和墙壁并不完全呈双方向布局，而是一种相对随机地布置。而整体的连续曲面可以看成是120个平面架构的集合体。

程序进行日常的结构计算与研究。尽管市面销售的通用计算程序可以进行高层建筑和双方向框架构造的结构计算，但是本公司独立开发的设计程序则可以进行特殊的壁结构、钢架结构、木结构、单方向大平面结构的结构计算。

结构计算程序的运转流程一般为：①→菜单画面，②→假设画面的受力计算，③→梁的 CMQ 的受力计算，④→轴力、地震力的分析，⑤→截面模型化（参见图 1），⑥→刚性率、偏心率的计算。最后计算结束，显示各种计算的结果（参见图 2）。

效果（Result）

尽管立柱和单方向壁框架结构并不能采用通常的计算软件进行计算（参见图 3），但是普通的屋顶和钢架结构的坡型屋顶造型（参见图 4），以及通用的结构均可以用 SS21 版软件进行计算，其结果比和普通计算程序软件获得的结果更为合理。

图 5 为读者解析的是座 3 层木结构的建筑。普通的计算程序难以解析木制结构，一般只能采用手工计算的方法对木结构的进行结构计算。若使用市场所销售的普通计算软件，则必须将木结构进行相应的特性化处理之后才能计算。木结构的截面和截面之间缺少必要的关联性而相对独立，在地震或狂风的作用下，对不同截面产生的作用也不尽相同。通过计算软件可以解析不同截面的外力和剪切力的作用效果，而采用手工计算的方式和采用 SS21 软件计算得出的结论几乎完全一致。

计算软件只是一种计算工具，而期望用一种万能的程序软件就可以解析各类建筑结构也是不现实的幻想。为了能解析最终的结果，设计师往

[图4] 钢结构的坡型屋顶的实例

(馆山的别墅)

该建筑的一层为钢筋混凝土结构，而二层则为木制结构，屋顶又采用了钢架结构造型。该建筑的一层和二层需要分别进行结构计算，由于该建筑的折板屋顶和二层木结构相连接，因此需用专门的程序软件对屋顶的结构进行计算，从而得到应力变形下的立体解析结果。

[图5] 3层木结构建筑的实例

(镰仓的周末住宅)

平均每15cm的墙壁支撑着1m²楼面的木制建筑。由于该建筑为3层的木建筑，因而一层的壁长为45cm。如图所示该建筑采用了V字形的支撑结构，其壁倍率为一层建筑的3倍强度。

往采用多种计算方法来印证和分析结构特征，结构设计师大可不必自己劳神去开发设计一种万能的程序软件以期解决各种结构问题。

发展（Evolution）

程序软件在运用的过程中既要不断地完善和维护，也要不断地进行升级和发展。SS1 软件自问世以来已历经 25 年，在这 25 年时间里，计算机的程序语言、硬件、软件是在日新月异的飞速发展。如果不及时对程序软件进行升级和发展，那该程序软件也将走向末路。

早期人们使用 Basic 语言所编辑的程序软件被戏谑为："意大利空心粉程序语言"。这是因为 1 套语言程序如树干的枝条一样纵横交错、相互关联，如果对其中的 1 条语句进行修改的话，其最终表现的结果人们难以预料。而现在人们将 Basic 编程进行结构化的单元处理，其编制的主程序让人理解起来不再晦涩，除了该程序的开发者之外，普通的程序员也可以根据需要对运用程序进行相应地修改。现在经常是由众多的设计师和技术人员共用一套计算程序软件完成结构计算工作，并共同编制完成某一建筑工程的结构计算方案书。

程序设计工作是将人们头脑中某一瞬时的活动记录下来，而自己编写的程序是将自己头脑中某一瞬时的活动永久地保存下来。程序设计和建筑设计是一脉相通的，需要设计师具有丰富的想象力和非凡的创造力。优秀的设计往往会产生意想不到的效果，设计工作既有趣也非常有意义。

System

02 夹层折板结构的开发

Sandwich Folded Plate Structure 1985

动机（Motivation）

在本人还没有成立独立的设计事务所之前，曾经有机会承担了被称为“圣雄·新德里”的印度咖喱专卖店的结构设计工作。该建筑的设计者为当时在丹下事务所工作的建筑师林贤次郎先生，林贤次郎先生的设计风格是建筑物尽可能地采用较高的顶棚设计，尽可能地避免出现立柱和横梁的构造，尽可能地降低整个工程的造价。由于林贤次郎先生没有采用立柱和横梁的设计思想，因而我提出了在屋顶和地面采用轻质的折板设计结构方案，尽管其妨碍了整体的空间流动性，但是可以有效地支撑整体的结构并抵抗地震的冲击。

折板式屋顶结构多用于工厂式建筑，在民用建筑中也能看到类似的构造，该结构可以有效地利用折叠板的刚性效果。在横梁的施工中，从梁到梁之间的架设过程必然会暴露横梁的整体结构；但是在无梁的施工中，采用折板结构既可以保持楼层的平面设计效果，又可以解决无梁结构的设计难题。

如果采用折板式结构施工，折板和桁架之间、折板和折板之间的夹层框架结构的衔接必须依靠法兰装置（参见图 1），并由此诞生了夹层折板式的结构构造（参见图 2）。

[图1] 折板结构的截面（施工中的“圣雄·新德里”专卖店）

通过截面图可以展现工程的基本框架，属于无梁结构，层面构造清晰可见。

[图2] 夹层折板结构的施工

折板既可以同梁结构一样单方向支撑着荷载，而其特殊的构造也可以使其能沿双方向承载重量，形成庞大的层面构造。

[图3] 采用夹层折板建造的屋顶（SSCT全景）

采用夹层折板结构设计的屋顶如同飘浮在空中的云朵一样。

内容（Substance）

夹层折板结构是采用钢制的折板作为主体材料所完成的一种建筑构造，其折板与折板之间、折板与夹层之间采用螺栓固定。尽管折板结构采用无梁施工的方式，但是可以随机设置支撑立柱，因此建筑物的空间布局可以进行多样化的调整。

本人采用夹层折板结构设计的首个案例是以加强折板构造来取代无梁结构。尤其在层面结构工程中，设计师首先需要确定是否有使用折板构造的可能性。

本人第二次采用折板结构设计是在 1986 年，在建筑师长谷川逸子所设计的住宅建筑中使用了折板构造。其屋顶采用类似折纸一样的曲面造型，这是最适合采用夹层折板结构进行的形状设计。1987 年本人在由建筑师林贤次郎先生设计的住宅建筑的屋顶中，采用了跨度达 7m 拱顶夹层折板的结构设计。

令人遗憾的是这一时期的日本已经进入到泡沫经济的顶峰，社会的各个方面均比较浮躁，实实在在的工作作风正逐渐消退。1995 年 3 月历经 8 年终于竣工的由埃克特库特・法布所设计的 SSCT(即系统解决方案中心，参见图 3）建筑中，就采用了夹层折板的结构设计模式。

效果（Result）

为了确保主体结构的安全稳定，在夹层折板结构中必须设置相应的支撑立柱。由于支撑立柱的出现，会使整体的建筑空间略显杂乱无章。但正是由于采用了夹层折板构造，折板结构更能适应空气的流动性，从而抵消了主体构造的不良效果（参见图 4）。

由于夹层折板结构属于面之结构，通过地面和墙壁可以起到分散重力和地震作用。设计师可以根据需要，随机设置支撑立柱，以改变空间的使用功能（参见图 5）。由于采用夹层折板构造，设计师也可以根据需求设计屋顶和层面的形状、设计开阔的空间和平坦的地面、设计出如同波浪造型的屋顶等，总之可以为人们展示多样的建筑空间设计。

[图4] 屋顶采用夹层折板结构的实例（MM21管理事务所）
该建筑由建筑师中川严先生设计，采用夹层折板结构的屋顶呈波浪形造型，屋顶如同漂浮在宇宙中的方舟一样。

[图5] 夹层折板结构（MM21管理事务所的内部）
由于折板可以沿波浪的方向弯曲起伏，因而巧妙地利用折板这种特殊性质，很容易实现屋顶的曲面造型。同时因为折板构造属于无梁结构，所以有必要设置柱顶为圆盘的立柱以提高其支撑强度。

发展（Evolution）

夹层折板结构属于无梁架结构（面之结构），但是在 2001 年竣工的由埃克特库特·法布所设计的洞爷教堂建筑中，首次采用了墙壁式的折板结构。由于该教堂建筑的墙壁呈近似平面的螺旋曲面造型，因而采用夹层折板构造就可以实现其结构设计。该建筑外壁由地面沿水平方向采用弯曲加工过的夹层折板，外饰不锈钢板，内部采用螺栓固定。

在 2003 年竣工的 Irony Space 建筑中也大量地采用了夹层折板的结构设计。本人已经积累了 20 多项采用夹层折板设计的实例，由于夹层折板容易实现曲面造型，尤其在进行曲面屋顶设计时，本人更多地采用钢材、钢筋混凝土材料设计夹层折板的结构。期待在不久的将来，能够在木结构建筑的地面和屋顶构造设计中也能采用夹层折板结构。

System

03 壁式框架结构的开发

Wall-type Frame Structure 1985

动机（Motivation）

本人在 30 ~ 40 岁期间曾经长期独自在海外（地震非多发国家）从事现场结构设计工作。尽管当时法国有严格的钢筋混凝土结构的设计标准，但是还没有制定相应的框架结构、壁式结构、抗震结构的设计标准，并且很少看到不用钢筋混凝土建造的高层建筑。传统的墙壁材料均采用混凝土砌块和红砖，而承重墙除日本之外世界各国几乎均采用混凝土材料施工。

在地震非多发国家其建筑砌块的厚度一般为 20cm，立柱和横梁的宽度大多也控制在 20cm。在传统的设计中，墙壁和立柱、横梁各自相互独立，构成一个整体的建筑空间。在建筑师长谷川逸子所设计的松山菅井医院的建筑中，本人采用和墙壁同样厚度的“壁式框架结构”的设计，其厚度为 20cm（参见图 1）。

内容（Substance）

我本人认为壁式框架结构适合于建造建筑物高度在 20m 以下的建筑。如果将其结构计算的参数看成是 1，则凡是属于参数为 1 的建筑物，其立柱和墙壁水平截面积的大小和抵御地震的冲击能力成正比，此类建筑可以采用强度抵抗型的结构设计。凡参数为 1 建筑的墙壁，如果墙壁不附支撑的立柱，

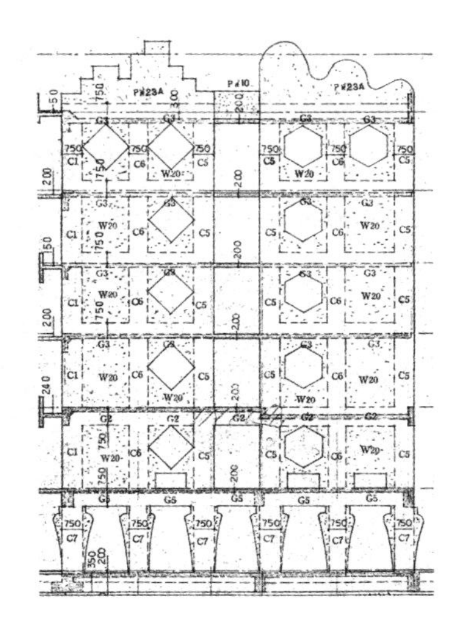

［图1］松山菅井医院的结构框架图（1986）

这是最初采用壁式框架结构的实例。由于立柱和横梁没有设置配筋，其壁厚只有20cm。在后期的设计中添加了配筋设计，故壁式框架结构的厚度也改变为25cm。

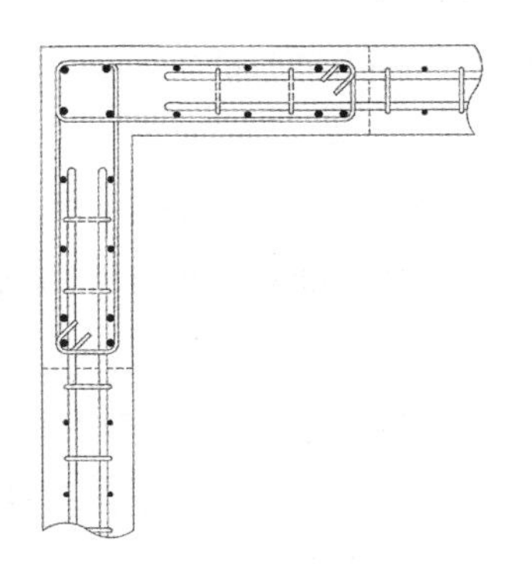

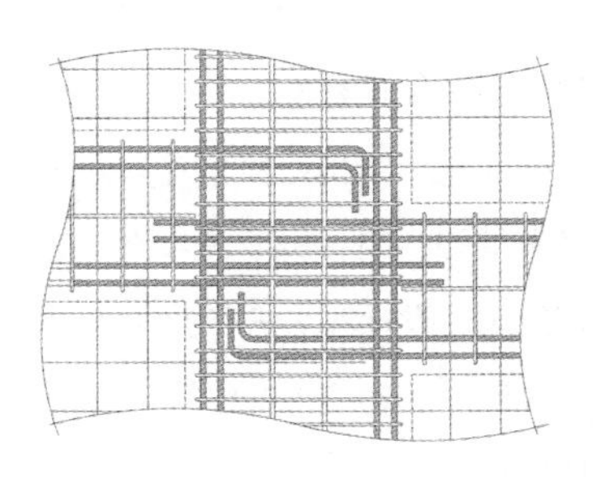

［图2、3］壁式框架结构中的立柱和横梁的配筋图

考虑到最细钢筋D10的直径及操作空间，故钢筋最小的加工宽度为10cm。再考虑两面附加厚度为4cm，故立柱和横梁的最小宽度可以达到18cm。由于往往在横梁主筋和立柱主筋的内侧设置配筋，而主筋常采用D19的钢筋，因此立柱的最小宽度要达到23cm。壁式框架结构的壁厚为25cm也就不足为奇了。

此类墙壁的最小厚度不应小于18cm；但是如果采用壁式框架结构并强化配筋的设置（参见图2、图3），则壁式框架结构的墙壁厚度可以达到25cm。

壁式框架构造中的立柱和墙壁的厚薄基本一致，其采用和壁式结构一样的构造方式，所不同的是采用的标准和壁式结构的标准不一样。由于壁式框架构造中的立柱和横梁采用了相应的强化设计标准，因而也属于强度抵抗型结构，所以此类建筑的抗震安全稳定性比较高。由于壁式框架结构适用于高度为20m以下的建筑，因此5层左右的建筑可以采用壁式框架结构施工，并且其截面积比传统的壁式结构要小，故而给设计者提供了相当的设计空间。

效果（Result）

壁式框架结构最显著的效果就是其主体和横梁、立柱融为一体，尤其是在混凝土浇筑的时候，能比普通的框架结构获得更好的浇筑效果，使得空间布局具有连续性。

壁式框架结构严格上看其介于强度抵抗型的壁式结构和韧性指向型的框架结构之间，属于参数为1的建筑结构。其设计也须依照抗震框架结构建筑的设计要求进行设计。

凡属于壁式结构的建筑，对建筑物的形状、墙壁的体量、楼层的层数、楼层的高度、墙壁的厚度、施工的方式均有诸多的规定。而对于复杂的建筑不适宜采用壁式框架结构的构造，但是壁式框架结构可以解决传统壁式结构的施工难题。而采用混合式混凝土钢结构，或和其他结构混合使用，也可以避免封闭型壁式结构的施工缺陷。壁式框架结构展现了比壁式结构更为广阔的使用空间。

发展（Evolution）

在本人的记忆中壁式框架结构在 1985 年前后才开始被广泛使用。当时的业内人士并没有将其划归为哪一类的构造类型，只是将其命名为“抗震壁式框架结构”。这种结构只是指除壁式结构和普通的框架构造之外的钢筋混凝土结构。完全没有抗震墙的框架构造被看成是普通的框架构造，而此类“抗震壁式框架结构”只应用于一些特殊的场合。

壁式结构和普通的框架构造是两种完全不同的结构形式，前者是强度和刚性均较高的强度抵抗型结构的典型代表，而后者是能吸收地震冲击波的韧性指向型结构的典型代表（参见图 4）。只要是钢筋混凝土结构必定归属于上述的某种结构类型。无论建筑构造中的墙壁数量多与少，均可以看成是壁式结构或普通的框架结构（参见图 5）。

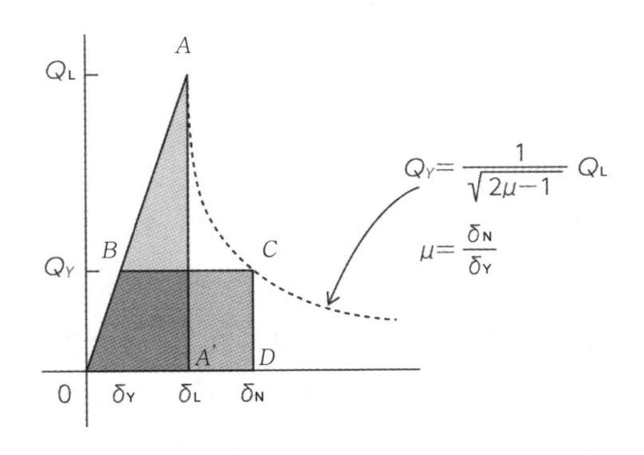

［图4］能量变化

此图是根据N・M・纽马克先生（《地震工程学原理》的作者）的研究所得出的能量变化说明图。图中清晰地反映在遭受同样的地震冲击下，壁式框架结构和普通的框架结构的建筑所吸收的地震能完全相等。

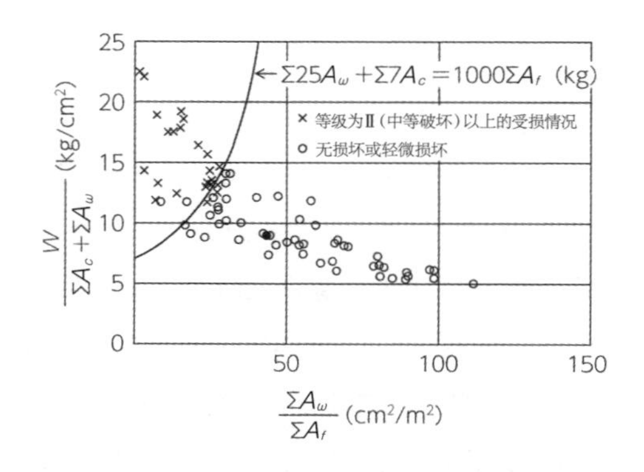

[图5] 相关参数为1的构造

此图是根据志贺博士所研究的钢筋混凝土结构中墙壁数量和受损情况之间的相互关系所绘制的一个变化图。图中所描绘的是参数为1的建筑物的受损情况。

从建筑物吸收地震能的类型来分析，墙壁数量较多的构造属于强度抵抗型的结构，其相关参数可以看成是 1；墙壁数量较少的构造其相关参数可以定为 3；而介于两者之间的构造其参数可以选为 2。

尽管壁式框架结构已有明确的定义，但是其应用仍然没有得到广泛地认同。如果立柱和横梁的宽度为墙壁厚度的 2 倍以上，业内人士并不将此类构造看成是框架结构。但是近来采用相关参数为 1 的结构设计日益增多，从中也可以看到壁式框架结构也正在逐渐得到更多业内人士的认可。

System

04 网格化球体结构的开发

Geodesic Dome 1986

动机（Motivation）

在本人成立事务所刚刚两年的时候，就和日本著名的建筑师长谷川逸子合作完成了湘南台文化中心的设计方案（参见图1）。该方案在众多应征设计方案中脱颖而出，并被幸运地采纳成为最终的设计方案。作为一个刚出道的无名小卒能和著名的建筑大师一同联手完成湘南台文化中心的设计，这在当时对于我来说是莫大的荣幸，我也将其当成是最重要的工作。

整个项目工程被分成了一期和二期。但是当二期工程开始建造的时候，整个工程造价已经突破了原有的工程预算。二期工程的核心是建造被称为“宇宙仪”的市民大厅，该宇宙仪的直径达到了37m。一期工程建造了被称为“地球仪”的球体建筑，由于该球体表面安装了铝面板（在本人的记忆中安装铝面板的工程造价极高，达到了5万日元／m^2的天价），因此被要求在“宇宙仪”的表面也要安装同样的铝面板。

为此本人提出相应的替代方案，虽然其结构主体仍为球体，但是可以采用类似储气罐似的球体施工方法，这样能大大地降低工程的成本。这一网格化球体设计方案突破了巴克敏斯特·富勒的球体结构理论权威的束缚。

内容（Substance）

建筑中常用的正多面体分为四面体、六面体、八面体、十二面体、

［图1］湘南台文化中心
在被称为“地球仪”“宇宙仪”两个不同大小球体的周围建有屋顶花园，环绕其周围设有供游人散步的小道。

二十面体等五种类型，而其中最为接近球体的是面数最多的正二十面体（参见图 2）。该中心巨大宇宙仪也采用了正二十面体的设计思路，多面体的各面由正三角形构成，最终由二十个面形成正二十面体。该正二十面体的赤道中央由十个面构成，而南北两极各由五个面构成。

从市民大厅的结构图中可以反映正三角形被四等分之后，面板的安装布局（参见图 3）。仔细观察可以看到正三角形的三边是球体表面的一个组成部分，沿正三角形的任意一边的中心和相邻边长四等分中心连线所构成的圆弧，也是表面通过球心所构成的截面圆的一部分。按照数学理论只要确定球面上任意两点的坐标并根据球体的半径，就可以确定该球体截面圆的具体位置。

正二十面体

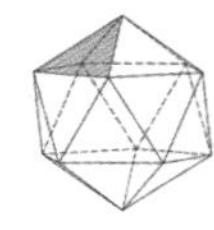

正二十面体中的每个面的边长被二等分

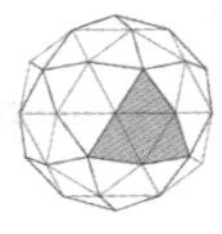

正二十面体中的每个面的边长被四等分

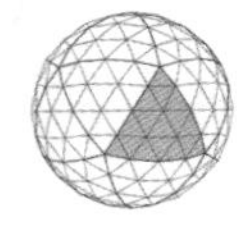

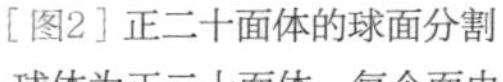

［图2］正二十面体的球面分割

球体为正二十面体，每个面由边长为2.5m的平面三角形组成，而每个三角形的边长则由4枚三角形面板构成。

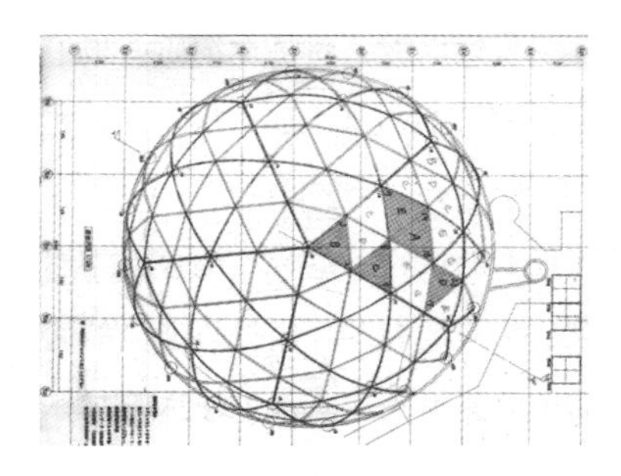

［图3］市民大厅的结构图

正二十面体的中心近似为球面三角形，其和球体的中心相通。如果将位于中心的球面三角形的边长进行四等分，则该球面三角形可以被分割成为16个小三角形，可以用A～E五种不同类型的面板构成。

［图4］球体的施工

钢架上安装着在施工现场制作的三角形面板。整个钢架对球体起着支撑的作用。在进行结构设计时，应充分考虑钢架基础的施工问题。

市民大厅为由正三角形所组成的正二十面体，构成该建筑的各三角形边长被四等分。正二十面体如果分割得越细,则其越接近于球体造型（参见图 4）。

效果（Result）

尽管当年在地球仪的表面并没有直接安装铝面板，而是在钢质面板上采用热喷涂的方式喷涂铝材，但是历经 25 年之后，其表面仍保持昔日的光彩而没有产生任何锈渍（参见图 5）。

进行热喷涂铝材时，首先要将钢质面板上的铁粒子进行吹蚀打磨，然后再将铝材通过热喷涂的方式涂覆在钢质面板的表层。经过热喷涂的面板具有较好的耐久性能。如果将钢质面板的热喷涂和防水焊接进行一体化操作，则面板不仅防水性能优异而且不会产生任何锈蚀，其后期的保养费用也比通常的防水工程造价要低廉很多。

尽管在地球仪钢质面板上热喷涂铝材是当年为替代铝面板而采取的一种无奈之举，但是历经岁月的沧桑其依然不减当年的风采。然而对于建筑师而言，由于大小不一的两个球体建筑的外观存在了这种差异，总还是感到美中不足。如果整个工程没有分成一期、二期分别施工，那也许就能实现两个球体建筑的外观表面的相对统一。

或许当时在世界的其他地方还没有建造网格化球体的建筑。完全是由于预算超过结构设计师事先的设想，所以才被迫采用了网格化的球体结构设计。尽管球体结构会造成内部的音响效果不佳，但是采用安装特殊材质的面板可以解决音响不佳的问题。也正是因为正二十面体的独特造型，才使其内部的空间布局更加丰富多彩（参见图 6）。

[图5] 市民大厅的外观

市民大厅由正三角形组成的正二十面体构成，外观如同天文馆一样，装饰的铝质面板给人一种赏心悦目的美感。

[图6] 市民大厅的内部

市民大厅的内部容积很大，主体的钢架和大厅构成为相互和谐的建筑空间。

[图7] 采用网格化球体结构设计的墨田生涯学习中心

主体建筑呈球体结构，由被分割成的众多正三角形构成，三角形的表面安装了铝质的面板。

发展（Evolution）

1992 年竣工的长田电机名古屋工厂研究所的穹顶建筑借鉴了湘南台工程中的成功经验，也采用了网格化球体结构的设计思想。该穹顶接近扁平，其截面为直径 24m 的圆，整个穹顶为正二十面体顶部的一部分，而正二十面体内接球体的半径为 36.9m。

网格化球体结构须采用钢架结构施工。三角形的边长为 2.4m，上面安装了钢质的三角形面板；而三角形的三边由厚度为 6mm 的角钢制成，角钢的尺寸为 L–75 × 75 × 6，角钢的强度很高但重量较轻，两个人就可以轻松自如地搬运 1 根角钢。该球体建筑所安装的面板也是结构设计师需要重点考虑的构造要素，在网格化球体施工的过程中，球面网格化的钢梁和防水焊接进行一体化也是考虑的重要因素。

1994 年竣工的由建筑师长谷川逸子所设计的墨田生涯学习中心也采用了网格化球体结构设计的风格（参见图 7）。由于该建筑的身后毗邻铁道线，因此对整个建筑的隔声性能要求很高。建筑物的穹顶采用了混凝土施工的方式，穹顶为半球体，其直径为 20.8m，比湘南台市民大厅的球体（直径为 37m）建筑要小。构成湘南台球体的正三角形的每条边长被四等分，而构成墨田生涯学习中心的球体建筑的每个正三角形表面也用被四等分的三角形面板进行安装。

System

05 单层穹顶支撑柱的开发

Single Layer Dome using Rods 1992

动机（Motivation）

在1991年举行的那须野和谐会堂的设计比赛中，由早草睦惠、仲条顺一联手完成的设计方案获得了人们广泛地认可并确定为最终方案。由于这两位年轻的设计者一开始并不被经验丰富的设计师们所重视，因此他们的获胜在相当长一个时期一直是业内人士津津乐道的谈论话题。该项目在全面具体实施时，本人荣幸地被指定为该工程的结构设计师。

和谐会堂的建筑采用了左右对称的椭圆形外部设计，主厅为强度和高度均较高的封闭大厅，休息厅则为透明开放的玻璃大厅。休息大厅的顶棚采用了单层穹顶的结构设计，并以立柱作为支撑（参见图1）。

一般穹顶的设计可以采用应力集中和应力分散两种完全不同的结构体系。若采用应力集中的结构体系，通常用钢质格网固定基础，用梁作为框架支撑并在其上安装玻璃面板；若采用应力分散结构体系，钢质格网和玻璃均作为结构材料，共同构成应力分散的构造。建筑师在该项目中采用了应力分散的结构体系建造穹顶的顶棚。

内容（Substance）

无论是圆形还是椭圆形穹顶的玻璃外观形状，首先面临的是如何进行应力分析。采用网格化穹顶的结构设计，其显著的优点是在球体穹

［图1］网格化的球体穹顶
建筑物球体穹顶为对称的椭圆形。根据几何学的原理，结构建材的作用应力集中于椭圆形的极点，各种结构材料呈椭圆形的圆弧，并沿椭圆形的极点对称展开。

顶网格上可以覆盖各种不同尺寸的安装面板。根据几何学的原理可以将大厅的椭圆结构看成是旋转的椭圆体，也可以采用类似球体穹顶的施工方法。

尽管从严格意义上而言，椭圆和圆并不完全一样，但是在建筑设计中均属于容易实现设计师思想的有利形状。安装在椭圆形穹顶大厅的玻璃面板的最大尺寸应不超过 2m × 2m，玻璃面板的大小受椭圆形穹顶大厅的旋转角度、长轴距离等多种因素的影响。

建筑物中央的玻璃形状为近似的正方形，而接近椭圆旋转极点附近的玻璃形状为扁长型。玻璃的形状逐渐变化，可以看到十来种类型。位于单层网格穹顶的节点处的支撑立柱至少为 4 根以上。为了传递剪

[图2] 穹顶的内部
支撑柱的直径为5cm，可以清晰地看到网格的结构造型。

[图3] 结合部的详细图
可以清晰地看到节点处安装着加工成圆弧形状的结构材料，这些材料沿椭圆和斜线方向分布并用螺栓固定。节点处的支撑柱为管状材料并通过焊接方式连接在一起，并进行了表面处理。

切力，网格内的结构材料也采用了圆弧的形状，节点处采用焊接的方式将各种结构材料连接在一起，并且斜撑柱也采用焊接的方式和网格穹顶连接。

效果（Result）

穹顶结构中各种支撑立柱的直径较细，一般为5cm。从穹顶内部可以看到整体结构中各种支撑柱构成了大小不一的网格结构（参见图2）。

之所以结构设计采用如此细的支撑柱，是因为对项目进行了充分的分析。从1985年开始，本人就从美国引进结构分析程序软件COSMOS，借用该程序软件进行工程项目的结构分析。

另一个原因是使用不锈钢材料。该建筑和普通的球体穹顶建筑没有太大的差别，采用直径较细的不锈钢材料进行圆弧加工、焊接连接、螺栓固定。由于垂直于地面的圆弧材料所受轴向应力较大，而其又是支撑穹顶荷重的主要支撑材料，因此将这些材料加工成曲面的圆弧形材料，并在连接处采用螺栓固定的方式以增强其强度。

在节点处沿椭圆方向的圆弧形材料和沿斜线方向的直线材料相交，用螺栓将圆弧材料安装固定在节点结合处（参见图 3）。

加工成圆弧形的材料是构成穹顶结构的基础材料，而支撑柱是构成网格化穹顶的主要支撑构件。

发展（Evolution）

1998 年建成的鸟取花卉穹顶建筑，采用了与和谐会堂类似的单层网格的结构设计方式（参见图 4）。半球形的穹顶建筑的直径为 50m，在其南北轴线的纬度方向设置了花卉公园。球体采用了直径为 50~90mm 的支撑斜柱。施工时先将各种材料在地面上进行先期加工和焊接，在组装时再将球体穹顶从地面上矗立起来。由于瞬间就能将球体竖立起来，因此就如同在表演一个力学魔术。

在 1998 年举行的熊谷穹顶建筑的招标设计比赛中，采用长轴为旋转椭圆、短轴为圆弧的几何设计方案再次脱颖而出。在该方案中，旋转椭圆的长轴跨度为短轴跨度的 3 倍，这样的穹顶建筑其平面形状和空间容积均给人以宽敞的感觉，该方案充分发挥了几何学在平面和空间的造型优势（参见图 5）。

[图4] 鸟取花卉穹顶

整体框架的结构部件直径较粗，而其他部件的直径很细。这种穹顶建筑属于最透明的穹顶建筑之一。由于是通过精确地结构计算确定的支撑整体构造的支撑方案，因而确保了该建筑的安全性和稳定性。

[图5] 熊谷穹顶

该建筑由立柱支撑的网格穹顶结构演变成为单层网格穹顶结构。

System
06 偏心桁架结构的开发
Truss Structure with Eccentric Joints 1993

动机（Motivation）

1995 年滋贺县县立大学招标进行校园的规划设计，建筑师长谷川逸子承担了其中工学部建筑群和体育馆的主体设计工作，本人应约承担相关的结构设计工作。工学部建筑群的一个主要特点就是通过设立在 2 层的空中连廊将不同的建筑连接在一起（参见图 1）。

空中连廊不同于普通的桁架桥设计，而是采用了中心偏移的桁架设计。尽管连廊上的斜撑支柱给人以视觉不对称的感觉，但是人们可以通过空中连廊直接到达在各个不同建筑中的相应教室。由于连廊桁架的下弦材的斜撑支柱偏离中心 2.5m，因而形成了上下弦材不对称的桁架构造，所以人们将此类结构称其为“偏心桁架结构”。如果对偏心桁架结构的应力进行比较分析，可以得出由于偏心所产生的弯矩比预想的要小很多，其相应的支柱材料的直径也并不比不偏心的桁架结构要粗很多的结论。

日本民间有句俗话：“需要是发明之母”。不受固有观念的束缚，是创新结构设计的重要因素。

内容（Substance）

在学校的课堂中，教师只是讲授经典的桁架结构设计，绝对不会出现

［图1］偏心桁架结构的实例（滋贺县县立大学的空中连廊）

为了方便人们的出入，连廊采用了下弦材偏离中心2.5m的偏心桁架结构设计。下弦材斜柱之间的距离为5m。空中连廊的跨度为20m，上弦材规格为H-200×200，下弦材规格为H-250×250，斜材规格为H-150×150,1层支柱的规格为□-150×150。

类似偏心的桁架构造。如果对经典的桁架结构模型进行解析，其主体结构的支撑立柱的直径多为 1m 以上，基本都是直径很粗的支撑柱。但是对偏心的结构模型进行解析，就会发现由于作用于其上的集中应力不在结构部件的中心，从而避免了出现应力过于集中于中心的现象。

如果将桁架结构和空腹框架结构（也称连框结构）进行比较，就会发现桁架结构在跨度的中央处其上下弦所产生的轴向应力为最大值，这两种结构体系的数值大小基本一样，不同的是上下弦所产生的应力大小不一样（参见图 2、图 3）。桁架结构的轴向应力趋向平衡，而空腹框架结构的轴向应力较小并与剪切力、弯矩构成相对的平衡。尽管传统的桁架

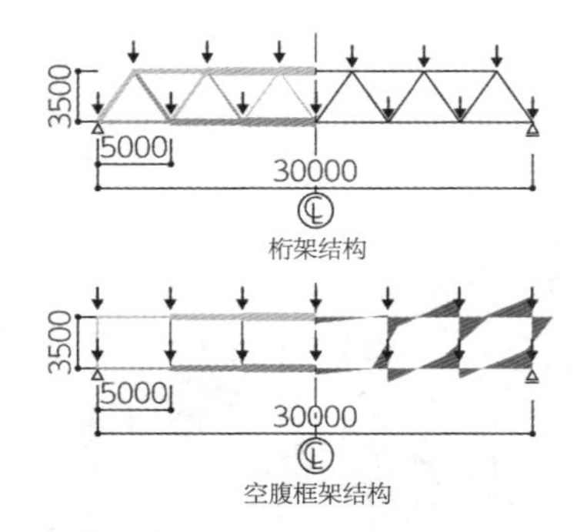

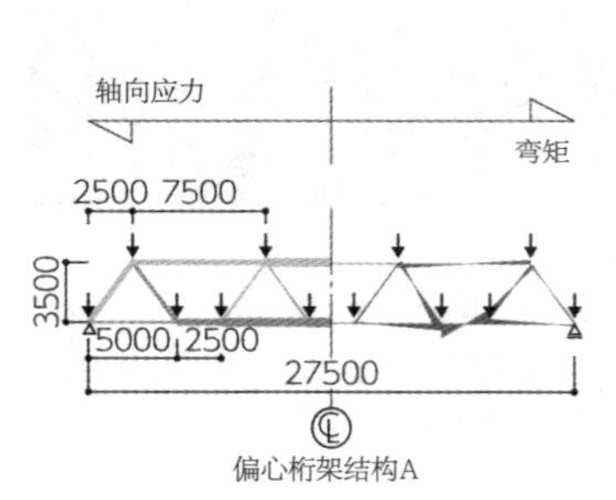

［图2］传统桁架结构（上）和空腹框架结构的应力对比图

传统的桁架结构不产生弯矩，而空腹框架结构会产生较大的弯矩；桁架结构中的轴向应力沿斜撑支柱方向逐渐增加，而空腹框架结构除垂直支柱以外没有轴向应力。

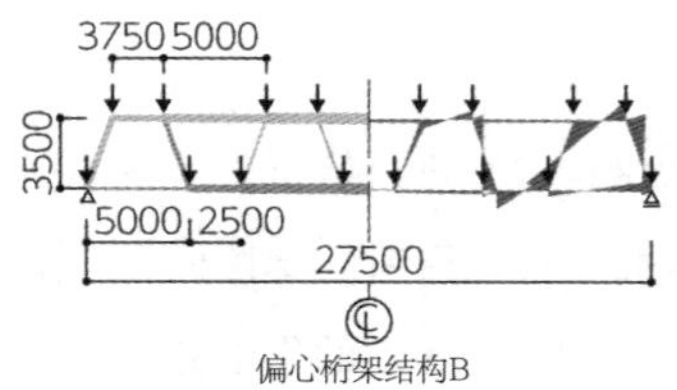

［图3］偏心桁架结构的应力图

A图为最初的偏心桁架结构的应力图，B图为逐渐变化的应力图。A图由于下弦材偏心而产生的弯矩值比B图上下弦材均偏心所产生的弯矩值要小。

结构不存在偏心的设计方案，但是将轴向应力和剪切力的作用进行少许的置换，也就不难理解会在桁架结构或空腹框架结构这两种体系之间存在偏心的桁架结构。

效果（Result）

传统的桁架结构设计多应用于廊桥和铁桥的设计，不再给人以新颖创新的设计感觉。多选用支柱、管材、砌块等抗弯曲材料，以实现纤细而轻巧的桥梁设计。尽管空腹框架结构也属于框架结构，但是由于容易产生较大的弯曲应力和剪切应力,故选用的材料常给人以粗大、厚重的印象。采用偏心桁架结构的设计，根据不同的偏心距离而选用不同角度的斜撑支柱，由于其设计实例较少，故常常给人以结构设计新颖的感觉。本人设想在未来不同功能的回廊和路口的规划设计中，也采用偏心桁架结构的设计思想。

在上述的规划设计中，尽管采用空腹框架结构具有较高的实用性，但是采用偏心桁架结构设计同样也具有广泛的应用性。在具体的工程项目中，本人较多地采用上下对称的偏心桁架结构的设计方案。

发展（Evolution）

迄今为止本人在四个工程项目中采用了偏心桁架结构风格的设计。即：鸟取花卉公园的观光回廊（1998 年竣工）、涩谷 246 国道线上的人行过街天桥（2000 年竣工，参见图 4）、播磨科学公园都市厅建筑中的空中连廊（2002 年竣工）和最近竣工的住宅工程。

［图4］位于涩谷246国道上的人行过街天桥的全貌
整座过街天桥的跨度长达50m，桥体可能出现的弯矩、摇摆度均在可控制的范围之内。

鸟取花卉公园的观光回廊为周长300m的近似圆弧形状，公园的中心为好似地球的球体穹顶建筑，其直径为50m，回廊如同地球的卫星环绕在其周围。沿着依起伏地势修建的回廊上，人们可以静心地观赏花卉公园的各种植物。由于回廊采用了上下对称的偏心桁架结构的设计且斜撑支柱的数量有限，因而不会妨碍人们的观光活动。

在设计东京涩谷的人行过街天桥时，本人也曾经比较过首都高速公路上的各种桁架桥的不同设计类型，研究过拱桥、桁架桥的不同构造形式。从保障高速公路畅通的角度出发，最终本人采用了桁架桥的设计模式。涩谷人行过街天桥的偏心桁架结构设计具有较高的力学刚性，也正是由于该桥的成功设计，本人荣幸地获得2001年度优秀设计奖。

System

07 钢结构住宅的开发

Steel Structure Prototype of Houses 1995

动机（Motivation）

钢结构的住宅建筑和木结构的住宅建筑相比具有较高的抗震性能和耐久性能，并且其住宅建筑具有更高的资产价值，本人从很早就提倡建造钢结构的住宅。尽管钢结构住宅建造的历史很短，而且和木结构、钢筋混凝土结构相互融合的构造方式还处于待开发的状态，但是钢结构住宅模式比传统的木结构住宅具有无可匹敌的优势，这也是要开发建造钢架结构住宅建筑的主要动机。

由于钢材比传统木材的强度高出 16 倍以上，因此在同样框架结构设计中，采用钢结构的建筑只是木结构建筑所用的立柱数量的十分之一，因而钢结构建筑的空间更为宽阔。传统的木结构住宅中的立柱较粗，其边长一般为 120mm 以上，并且将住宅建筑分隔成不同的单元空间，其建筑结构和整体的住宅建筑融合成为了一体化的构造。

利用钢结构和木结构的优点所开发的新的建筑构造形式，就是在钢结构框架中引入木制结构的元素，利用木制结构建筑的构造特点，完成现代住宅的建造（参见图 1）。在这类建筑中，由于所采用的支撑钢材具有很高的强度，因而其相应的钢材尺寸要远远小于同样的木材尺寸，如立柱为□ -100 × 100，梁为□ -150 × 100。

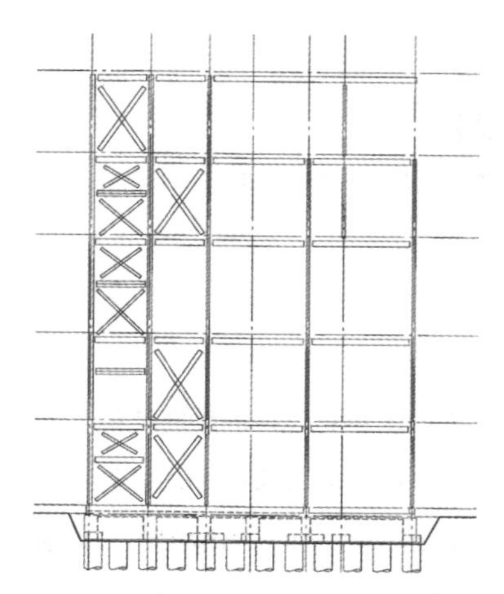

［图1］钢支撑结构

和木结构的横梁贯通相类似，钢结构的立柱和横梁通过焊接相连接，并用强力螺栓固定，实现立柱和横梁的贯通。为了确保钢支撑结构的水平刚性，不必对刚焊接的立柱和横梁连接处进行养护，而只需通过铰链将固定处连接。

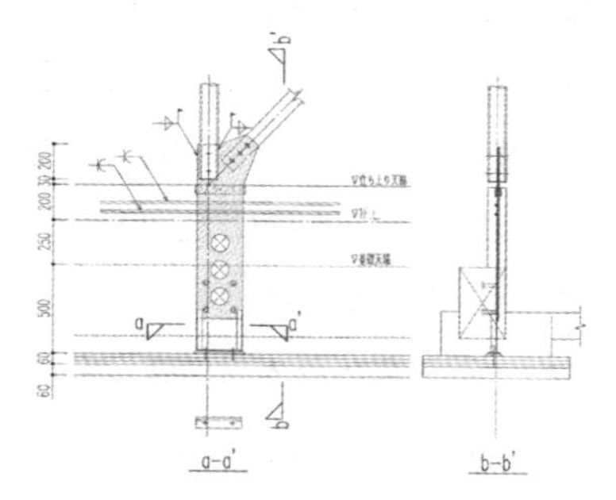

［图2］柱脚详细图

木结构的基台一般要高于地面30cm以上。为了防止湿气对钢材的腐蚀作用，钢柱的柱脚所砌筑的外壁高度也应在30cm以上，而厚度在120mm左右。为了避免钢柱出现锈蚀，钢柱的内外壁都应该进行防腐处理。

［图3］柱、梁、支撑结合部的详细图

可以看到安装在立柱旁的节点盘采用了角焊接的方式和梁及支撑结构相连接，并用强力螺栓固定。

内容（Substance）

在建设钢结构住宅工程的时候，其框架结构的立柱和横梁的结合处，一般要对钢材进行适当地加工并添加弹性隔膜。由于钢支撑结构会受到地震作用而产生压缩和拉伸，因而在材料的接合处可以采用必要的铰链连接。

钢结构住宅一般不采用电阻对焊接的方法，而是采用操作技术简便的角焊接方式。住宅框架连接时有两个连接处需要特别关注，一是立柱的底部即柱脚的部位，另一处是柱梁支撑结构的结合部。由于住宅整体的立柱支撑结构在地震发生时会产生很大的轴向应力，对立柱产生向上拔升的作用，因此住宅立柱的柱脚均设置有底盘并用地脚螺栓进行固定。

一般住宅建筑的立柱柱脚通过埋设的方式将其充分固定。通常采用的埋设方法分为两种，一种是轴向应力较小的 3 层以下的建筑其柱脚底盘的埋设方法如图所示（参见图 2）；另一种是轴向应力较大的 4 层以上建筑其柱脚底盘的安装方法，即其柱脚底盘和住宅结构的基础底盘通过焊接的方式连接在一起（参见图 3）。在建造柱梁的支撑结构时，需要将安装立柱的节点盘和梁支撑结构用螺栓固定在一起。

效果（Result）

所建住宅的最终效果受设计、制作、施工等多方面因素的影响。如果采用木制构造的方式设计建造钢架结构的住宅，就一定能建造出具有木质结构感觉而空间更为开阔的住宅建筑。

倘若采用高强度的钢材作为建筑材料，一定能建造具有较高抗震性能的住宅支撑框架，而建筑物内部则可以采用类似骨架填充的方式建造无立柱支撑的住宅空间。由于采用钢材作为基本的支撑框架，内部不再需要再设计立柱和隔墙作为辅助的支撑构造；整体框架上可以设置不同的节点，作为内部空间分隔时的位置参考。在施工时可以不再采用埋设地脚螺栓的方式，而是对基础采用整体浇筑混凝土的施工方法。一旦采用钢结构整体框架住宅的建造方式，施工将变得更加简洁，也解决了比较难处理的地脚螺栓的工程问题（参见图 4、图 5）。

如果对这种住宅建筑的宜居性能进行评价，采用刚性较高的钢结构的框架构造，可以消除人们心中对钢架结构住宅会不稳固的疑虑。“采用这样细的钢材建设的住宅会不会发生摇晃？”“安装了这样的框架结构之后，还真是非常牢固”。在施工的现场可以听到类似的议论。

发展（Evolution）

自开发建造钢结构住宅建筑以来，截至 2010 年底已有 15 年之久。本人由最初每年设计建造 5 栋左右的住宅发展到现今的 75 栋，随着建设住宅的数量不断增多，也出现了跨度超过 10m 的钢结构住宅建筑，其跨度幅度已经超过普通的事务所建筑和游乐设施建筑。

对于轴向应力较大的中层住宅，不必采用埋设柱脚底盘的施工方法，而是将立柱的柱脚和住宅的基础整体进行浇筑。采用这样的施工方式使得水平框架的立柱和基础底盘成了一个整体，轴向应力也通过立柱进行传递。如果将基础底盘和柱脚底盘焊接在一起，也能提高住宅建筑整体的抗张能力。在大型建筑中为了能承受地震的冲击，既要考虑采用高强度的钢材作为钢结构的基本材料，同时也要考虑增加钢结构材料的横截面积以达到提高钢材强度的目的。

不久的将来，在小型住宅建筑中所采用的各类新型施工方法也会逐渐地应用到大型建筑工程中去。

[图4] 柱脚施工的现场图片

不再采用埋设柱脚底盘的施工方法，而是采用浇筑混凝土的施工方式。若采用此施工方式，就需要预先绑扎好各种钢筋和配筋，以确保施工的精度。

[图5] 钢架结构施工的现场图片

所安装的水平和垂直的支撑框架可以确保所建造的住宅建筑牢固稳定。从图中所看到的刚性水平框架结构，可以在上面进行木质楼面的施工。

System

08 悬吊式折板屋顶结构的开发

Hanging Roof Structure with Folded Plates 1986

动机（Motivation）

石卷市是日本可数的几个水产业发达的城市之一。出生于石卷市的建筑师三浦周治先生获得了设计某水产加工会社的鱼糕工厂厂房建筑的机会，而该水产加工会社的经营者是三浦周治先生高中时代的同学。三浦周治完成的这座无立柱的工厂设计方案是四周由不同的车间所围成的中央院落，院落的上面架设了 45° 折板的三角形屋顶（参见图 1）。

虽然采用强度最高的材料所建造的房屋跨度一般不能超高 10m，而建造水平跨度达到 21.6m 的建筑几乎是一种奢望。但是采用人字形折板的桁架结构，则有可能建造为原跨度$\sqrt{2}$倍的建筑。如果人字形折板的板长为 15.2m，就可以实现上述的跨度。为了抗击狂风的冲击，人字形屋顶的中央部位采用架设双层的折板以增强强度。

由于鱼糕工厂厂房建筑的设计成功，三浦周治先生又被石卷市的同乡邀请去设计一座潜水服缝制工厂的厂房建筑。在该项目中三浦周治将厂房设计成双层且左右对称的牲畜围场造型，建筑物的中央矗立着类似桅杆的立柱，而屋顶则采用悬吊式折板屋顶结构，人们将该建筑称为“白鲸”。这是采用悬吊式折板屋顶结构的最早实例（参见图 2）。

［图1］大胆尝试无立柱的空间建筑的初期作品（石卷市的鱼糕工厂/1991）

架设的折板成45° 角构成人字形框架，其跨度可以是普通跨度的$\sqrt{2}$倍。厂房的四周由不同的房间围成一个院落，院落的上面为人字形屋顶框架，人字形屋顶框架为刚性结构的构造。

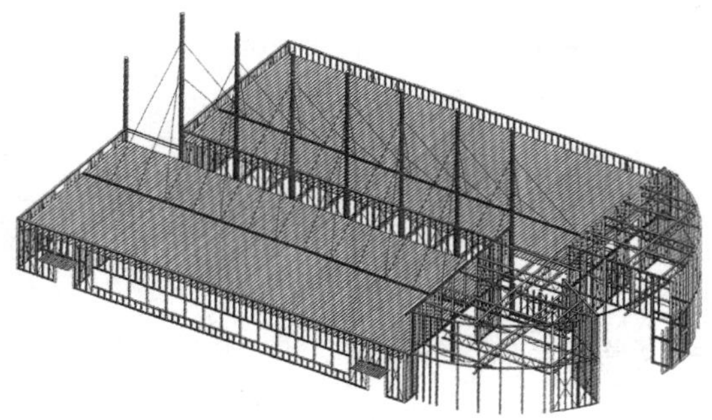

［图2］悬吊式折板屋顶结构的最早实例（白鲸/1995）

由于缝制工厂所生产的产品与大海有关，所以建筑师采取了船型的建筑设计。建筑物左右对称的中心矗立着一排类似桅杆的立柱，屋顶为跨度16.2m的中央悬吊式结构造型。

内容（Substance）

折板的种类有很多，而价格低廉、重量较轻、刚性和韧性优良、跨度较大的建筑材料是折板材料的首选。虽然普通的建筑材料其最大跨度一般不会超过 10m，而且还要通过立柱、横梁的框架结构才能完成建筑物的空间布局，但是如果将吊桥的原理应用于悬吊式折板屋顶建筑，理论上可以实现建造 100m 无立柱的大跨度空间建筑。这需要在工地现场用轧辊将平钢板加工成折板，然后才有可能制成超过 100m 长的无缝折板材料。

对于大跨度的结构而言，需要特别注意狂风所造成的负荷作用。普通的结构狂风对其的影响为 $1kN/m^2$，而狂风对悬吊式折板结构的屋顶的影响则要小许多，只有普通结构的二分之一，即 $500N/m^2$ 左右。如果再安装有桅杆式的立柱，则整体结构将变得十分牢固。

普通的折板结构最大跨度一般不超过 10m，如果采用桅杆式立柱将折板悬吊于横梁之上，则可以增加其跨度；如果将折板悬吊于横梁之上再用螺栓固定，则折板不容易产生变形。采用这样一种施工方式，是实现大跨度建筑的最经济的施工手段之一（参见图 3）。

效果（Result）

工厂、仓库、大型超市等均属于大跨度的建筑，由于此类建筑对整个工程造价控制得非常严，因而这些要求低成本、大跨度的建筑采用悬吊式折板屋顶结构的比例就变得非常高。如果一座桥梁的跨度有几百米之宽，则肯定采用悬吊桥的建筑结构；如果欲实现有 50m 之宽的无立柱空

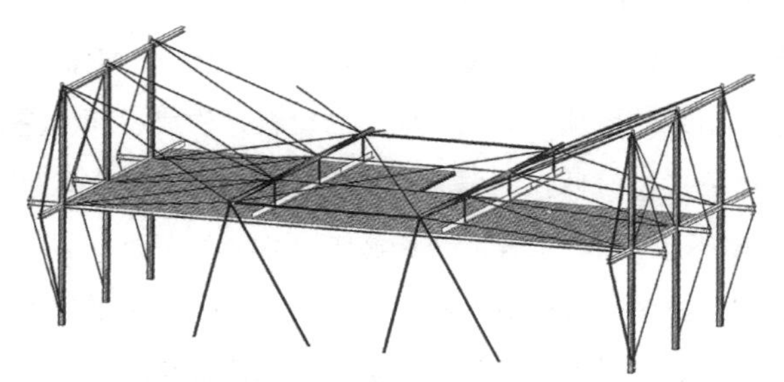

［图3］结构体系图（悬吊式折板屋顶）

该厂房建筑在重力和狂风等外力的作用下，整体结构也相应地受到压缩应力和拉伸应力的作用。由于考虑到地震和狂风的水平作用，因此该建筑有必要采用框架结构以抵抗来自水平方向的作用力。

［图4］播磨科学公园都市地区中心内的大型超市（1997）

该建筑的设计者为ADH，该超市由2栋跨度分别为20m和25m的相同构造的建筑构成。折板悬吊于左右对称的两根桅杆式立柱之上，构成悬吊式折板结构。从图中可以看到该建筑的基本结构。

间建筑，则必定选用悬吊式折板构造（参见图 4）。

采用悬吊式折板屋顶结构可以实现建筑物内部空间的优化，近似波浪形的折板可构成平坦式的屋顶。折板和横梁的材料是构成屋顶的基本材料，也决定了屋顶采用何种施工方法。制造商为此开发适合悬吊式折板屋顶的专门材料，以利于工程的快速施工。普通的折板安装节点只能用一个螺栓固定，结果造成节点的应力负担过大；但是采用加强型的折板，其安装节点可以有多个螺栓固定，可以使节点的应力进行分散。

发展（Evolution）

在 1996 年建设“白鲸”时首次使用悬吊式折板屋顶结构，以后陆续有不同建筑师在播磨地区中心的大型超市（1997）、小宫山印刷川里工厂（1998）等建筑中采用了类似的结构。但是又经过了 10 年之后，人们从 2009 年竣工的森村金属关东工厂的建筑中才又重新看到了悬吊式折板屋顶结构。

森村金属关东工厂的设计者是著名的环境建筑领域的权威大薮元宏先生，该建筑为长 45m、宽 21m 的长方形，并决定将长边的方向定为跨度的方向。当时本人曾建议将长方形宽边的方向定为跨度的方向，以利于实现悬吊式折板屋顶构造。但是大薮先生坚持要在长边的方向实现悬吊式折板屋顶构造，由于他的一再坚持，我最终做出了让步。正是由于像大薮元宏一样的建筑师超出常规的设计，才使今天的世界留下了众多经典的建筑作品。

System 09 钢 – 混凝土混合结构的开发

Hybrid Reinforced Concrete Structure 1998

动机（Motivation）

传统的建筑均是尽可能地发挥建筑材料的功能，并以此形成了经典的建筑理论。日本的建筑则是以木结构、钢结构、钢筋混凝土结构作为结构设计的基础，并由此形成了三种彼此相互独立的结构设计标准。因此日本有研究学者认为世界上的建筑结构设计的分类到此结束，这种固步自封的本位主义思想不利于建筑结构的创新发展，结构设计还应有新的黎明曙光。结构设计也还会出现新的分类方法，混合结构就是其中之一，其也为结构设计提供了新的发展方向。

建筑师村田靖夫先生曾委托本事务所为其设计的建筑进行结构设计，该建筑的最大跨度超过了 13m，以此为契机本事务所进行了设计（参见图 1）。尽管混凝土结构也可以实现大跨度的建筑，但是由于混凝土的自身重量也很大，因而在某种程度上也限制了混凝土结构的使用。为了实现大跨度建筑的轻量化，本人选用轻质而高强的钢材作为基材，以便最大限度地发挥材料的优异性能，并在此基础上提出了钢 – 混凝土混合结构的设计方案。

内容（Substance）

如果采用钢材作为楼层的基材，其首要问题是解决如何支撑整座钢

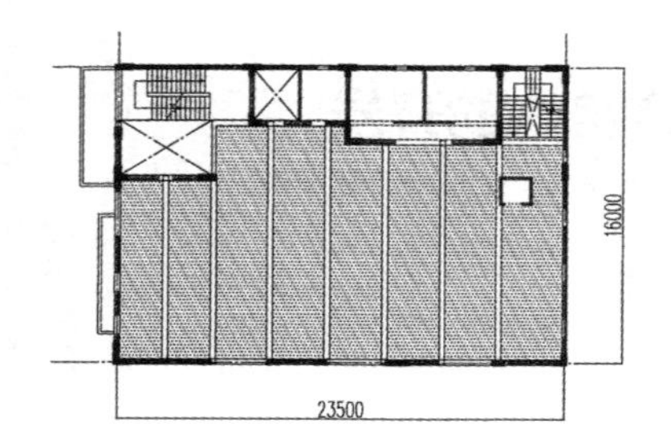

［图1］艾斯特化学公司总部大厦的平面图

楼面的跨度为10～13m，如果采用混凝土结构施工，其自身的重量会使人们对其使用的长期性产生疑问。

本工程采用钢架结构进行楼层设计，钢梁的规格为H-588×300×12×20，楼面选用波纹钢并浇筑90mm厚的混凝土。

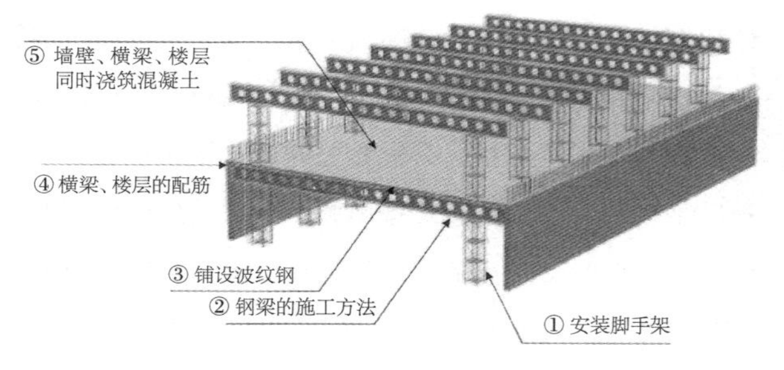

［图2］钢－混凝土混合结构的说明图

除了支撑钢梁的施工方法以外，其余和混凝土结构施工方式完全相同。

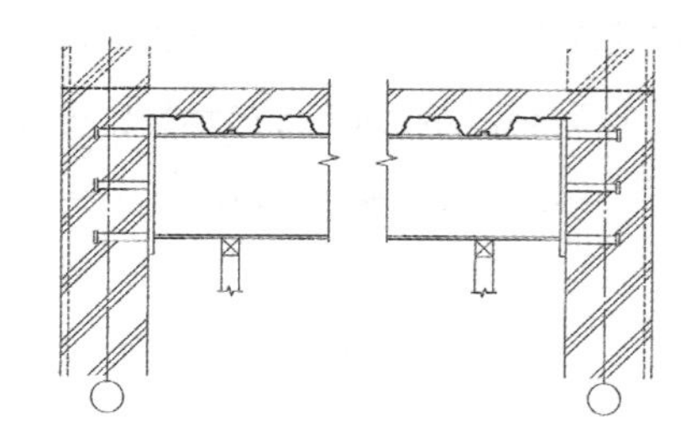

［图3］钢梁端部的详细图

安装钢梁并没有采用什么特殊的方法，只是先将钢梁的两端进行简单地加工并予以固定，再浇筑混凝土。这种施工方式从力学角度而言，可以实现很高的结合强度。由于这种楼层具有较高的刚性，因而也具有很好的抗震性能。

材楼层重量的难题，因此本事务所提出了如图 2 所示的施工方法。

首先构建临时基台用于支撑钢材楼层的重量，钢梁的两端固定在基台内并用混凝土浇筑；其次通过基台架设构筑楼层的钢梁架，并确保施工者有足够的作业空间;最后开始进行墙壁、立柱、楼层的配筋施工，在模板固定之后再浇筑混凝土（参见图 3）。

钢－混凝土混合结构除了支撑钢梁的施工方法以外，其余和混凝土结构施工方式完全相同，而且施工的重点之处也基本一样。

任何一个建筑物除了大跨度的部分之外，例如楼梯、房门等核心空间，通常采用混凝土的构造。如果将这两部分混合在一起进行施工，如果施工方法一样，也不会出现什么问题。对于施工人员而言，采用相似的施工方法进行工程建设是十分重要的事情。但是采用单纯的混凝土结构不能实现大跨度的工程建设，本人的事务所采用了钢材作为基本材料完成大跨度的项目施工，实现了工程的最终目标。尤其该工程地处用地十分紧张的商业地区，由于作业空间有限，而采用钢－混凝土混合结构设计，更能发挥施工的优点。

效果（Result）

钢－混凝土混合结构的优点很多，一个就是实现了整体结构的轻量化。在实现大跨度的结构中，作为楼层面的钢材重量较轻，混凝土结构楼面的重量为 6kN/m²，而混合式钢架结构的楼面重量为 3kN/m²。采用混合式混凝土钢结构不仅实现了建筑物的轻量化并提高了抗震性能，而且也降低了基础构造的工程造价。

材料的物理性能是关系到建筑物整体性能的大问题，近年来因混凝土长期抗弯问题日益显现。根据2000年的报告，楼层的长期抗弯性能是弹性抗弯效果的16倍。相当于跨距的1/250，换言之“楼板的厚度大小可以延缓长期抗弯性能降低的效果，以确保基本的居住功能”。采用钢筋混凝结构对跨度的大小是有限制的。

现代化的商业建筑都采用大跨度的结构设计，其跨度宽度超过了混凝土结构的设计规范。当今世界无论何种业态的商业设施，都追求建造大跨度的无立柱空间建筑。基于这样的现实要求，采用钢架结构已成为结构设计的首选。现在日本很多商业地区的中小型建筑均用钢结构进行主体设计，再在建筑物的四周浇筑混凝土的墙壁，这样就提高了建筑物整体的抗震、防火性能。

发展（Evolution）

自钢－混凝土混合结构问世十几年来，在集体住宅、医院、幼儿园、写字楼、老年公寓、图书馆、美术馆、商业设施、大学的会议大楼等建筑中，均有采用这种结构的设计（参见图4、图5）。这些建筑有一个共同特点就是其立柱、墙壁等主体结构均采用混凝土结构。

钢－混凝土混合结构是本事务所常用的一种结构设计形式，倘若施工方是首次进行该结构的施工，本事务所均会安排专人去工程现场进行施工指导。期望在不久的将来，钢－混凝土混合结构的施工和普通的混凝土结构施工一样均成为通用的施工方式。

预计未来很多超高层抗震的建筑都会采用钢－混凝土混合结构的设计，其建筑物的外部为钢筋混凝土的构造，而建筑物的内部为大跨度的通用空间设计。100年后的未来，采用新的未知结构设计所建造的建筑物或将成为结构设计的主流。

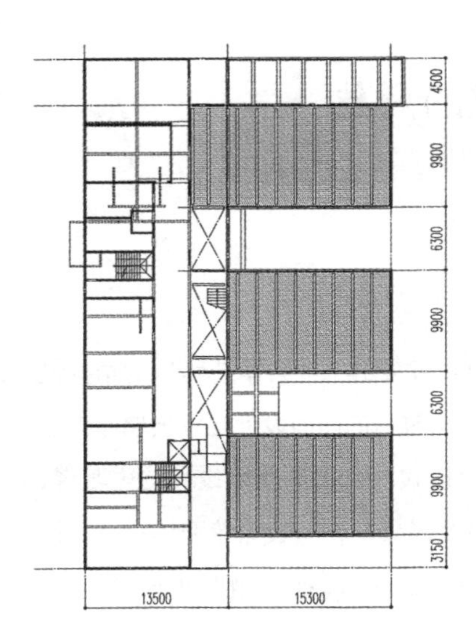

［图4］东洋大学会议大楼的平面图
楼层的最大跨度为9.9m，楼层部分采用了钢梁的结构，楼层间铺设了50mm厚的波纹钢板并浇筑了80mm厚的混凝土。

［图5］东洋大学会议大楼的屋顶（竣工之后）
在混凝土结构设计的基础上采用了钢－混凝土混合结构设计。该建筑根据现有的法规进行结构标准的计算，并采用通用性较高的施工方法。期待在不久的将来，该建筑的结构设计和施工方法能得以广泛地推广。

System

10 MPG玻璃幕墙的开发

MPG Curtain Wall 2003

动机（Motivation）

彼得·赖斯先生主持了位于法国巴黎郊外的工业科学博物馆的结构设计工作，该工程于1981年竣工，整个建筑物的门面设计均以玻璃作为主题。可以将彼得·赖斯看成是采用窗框式现代玻璃幕墙设计的先驱者，现代体现高新技术建筑的标志之一就是采用整体的玻璃造型体系，人们将这一类建筑称之为“DPG（Dot Pointed Glazing，即：点式连接玻璃）体系”。（参见图1）

日本的玻璃幕墙的生产商三共立山公司（即：原来的立山铝业公司）正在开发研制新的玻璃幕墙体系。彼得·赖斯所开发玻璃幕墙系统是在强化玻璃的四角处开孔，再用特殊的铰链螺栓将玻璃紧固，并用钢丝线将玻璃面以X形状固定住，防止狂风将玻璃四处吹散（参见图2、图7）。

玻璃幕墙从最上部的横梁处垂吊下来，而铰链螺栓通过玻璃四角处的开孔将玻璃紧固。由于铰链螺栓的作用，也避免了玻璃幕墙的弯曲变形，并且安装在开孔内的合页也对玻璃幕墙起到了补强的作用。日本的和谐会堂等建筑也都采取了这样的安装结构，即通过铰链螺栓将玻璃幕墙固定。

内容（Substance）

DPG就是通过采用铰链螺栓将上下的玻璃连接在一起，如果下部悬吊

[图1] 科学技术博物馆的门廊

玻璃幕墙的左右伫立着钢架结构的立柱，水平方向受到X形状的张力桁架作用。每块玻璃的四角处均设有开孔，并用特殊的金属铰链螺栓固定，这种铰链螺栓可以将数块玻璃紧紧地连接在一起。摘自《An Engineer Imagine》。

[图2] 科学技术博物馆的特殊金属铰链螺栓

这种特殊的金属铰链螺栓在法语中被称为“joint”，其涵义表示为节点，主要是在强化玻璃所开的孔穴中起合页的作用。玻璃通过铰链螺栓悬吊在一起，并构成了玻璃幕墙。安装在张力桁架上的玻璃幕墙在狂风的作用下，可以保证绝对的稳固。摘自《An Engineer Imagine》。

的玻璃数量越多，上部玻璃的负重也就越大。

现在给读者介绍的是 MPG（Metal Pointed Glazing，即：金属连接玻璃系统）玻璃幕墙体系。该系统是在玻璃上开孔，然后用高强度钢丝通过孔将玻璃悬吊在一起。尽管玻璃被一块块的悬吊在一起，但是不会出现因一块玻璃破损而造成整体玻璃幕墙损坏的情况，其属于安全性较高的玻璃幕墙体系。由于玻璃的中心位于玻璃的中央，而悬吊节点的位置并不一定也处于玻璃的中心,因而产生的弯矩 = 玻璃的自重 × 偏心的距离，这种新的结构体系需要附加一定的应力以保证整个体系的稳固。

为此设计师开发设计了新的玻璃幕墙结构 SMPG（Suspend Metal Pointed Glazing，即：悬吊式金属连接玻璃体系）（参见图 3、图 4）。这种采用高强度钢丝将玻璃幕墙悬吊的结构体系，丝毫不逊色于 DPG 结构体系，并且避免出现因偏心而产生弯矩的现象，这种施工简单的结构体系被看成是第三种玻璃幕墙结构体系。

效果（Result）

SMPG 结构体系的核心是应用了高强度的钢丝线，世人无不惊叹这种玻璃幕墙结构的发明者的奇思妙想。尽管这种结构体系不仅从幕墙之外实现了整体构造的稳固，而且在一定程度上也可以抵御狂风和地震的侵扰。但是这种结构只能保证玻璃幕墙在水平方向的稳固，其抗风梁对玻璃幕墙沿垂直方向的负荷影响作用并不大，仅属于单结构体系。

沿水平方向设置的抗风梁的实例如图所示（参见图 5）。水平梁的截面为扁钢形状，其尺寸规格为 30mm × 60mm，通过 L 形的一角可以将屋顶悬吊在其上。尽管 SMPG 结构体系并不对玻璃的自身重量有相应的支撑

［图3］SMPG

玻璃的座架上安装有高强度的钢丝，这种钢丝对玻璃幕墙能起到稳固的作用，使悬吊在其上的玻璃十分牢固。

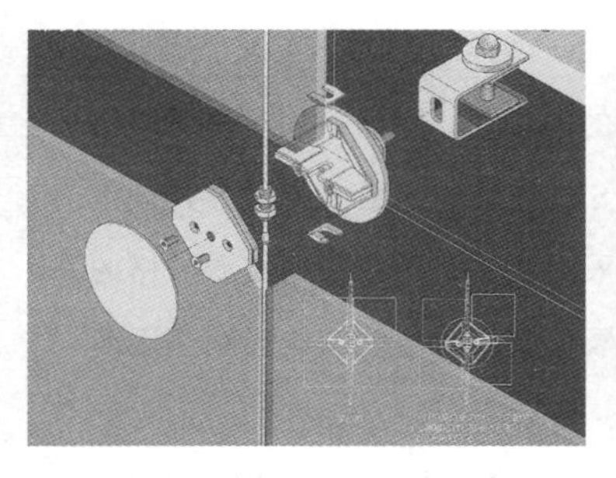

［图4］SMPG分解图

如果给高强度的钢丝以每块玻璃重量二分之一的预张力，那么上端钢丝所受到的张力则为每块玻璃的重量，而下端钢丝的张力数值则为零。在施工时一般均要将钢丝的上部锁紧，而将钢丝的下部保持一定的松弛状态。

［图5］SMPG（Irony Space建筑物的内部）

尽管架设有水平方向的抗风梁，但是并不对人们的水平视野造成任何影响。

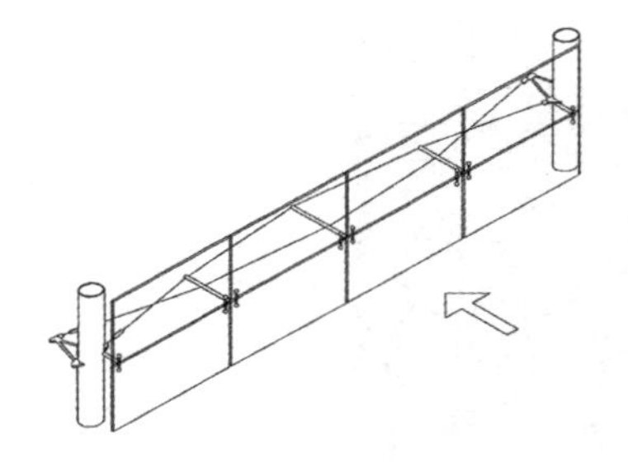

［图6］X形状的张力桁架的力学分析
对作用于玻璃幕墙的风荷载，使用钢索是很必要的。钢索被拉伸成X形，为抵消风荷载的压应力，事先加上预应力。

作用，但是该结构体系操作简单、价格低廉，并且可以实现整个建筑体系具有较高的透明度。

发展（Evolution）

21 世纪最初的十年里，由于日本经济的不景气，因而采用高技派风格建造的建筑屈指可数。我和同事们应用 SMPG 结构体系也比世界先进水平要落后十年以上，在日本目前已鲜有采用此类结构建造高技派风格的建筑。而现在和高技派建筑风格相对的极简主义风格的建筑思潮正逐渐兴起，同时也更注重建筑物的功能性。

近年来正是由于极简主义的建筑风格的逐渐兴起，很多建筑都采用技术含量较低、类似木材一类的建筑材料进行施工，使得低成本的建筑成为当今建筑的一种时尚。建筑界正逐渐从高技派建筑风格向低成本、高寿命的极简主义建筑风格发生转变，一种新建筑风格的时代即将到来。

System

11 加筋屈曲穹顶结构的开发

Stiffened Buckling Dome 2003

动机（Motivation）

2004 年秋天在熊谷市举行了国民体育大会，大会的主会场为穹顶结构的建筑，该建筑的设计方案是在 1998 年举行的设计比赛中选定的。石本建筑事务所提出的设计方案幸运地获得优胜，石本先生委托本人参与了其中的结构设计。

我们的设计方案是一个大屋顶覆盖在长轴为 250m、短轴 135m 的椭圆形的建筑上（参见图 1），该建筑不仅有运动场还有室内体育馆。如此规模的建筑堪称是世界上尺寸最大的穹顶建筑，也被人们称为“超级圆顶”。

一般业内人士将穹顶结构分为单层穹顶、双层穹顶两种类型，并根据其配置的不同构件分成双方向、三方向。历史上大型的穹顶建筑基本上为三方向双层的穹顶建筑，这样可以避免穹顶的弯曲变形，以确保穹顶结构的刚性。但是如何配置构件以确保三方向双层的穹顶空间是一个十分复杂的操作过程，在很大程度上不是在检验施工方法的现代化水平，而是在考验施工者的操作技术水平。

在该工程中本人提出了单层双方向晶格构造的结构设计方案，如何配置好单层穹顶的构件，本人提出了新的结构体系设计方案，即通过子系统加筋的方式以避免穹顶整体出现弯曲的现象（参见图 2）。这种新的结构设计方案的产生完全归功于计算机技术的飞速发展，使得模拟仿真技术验证成为可能。

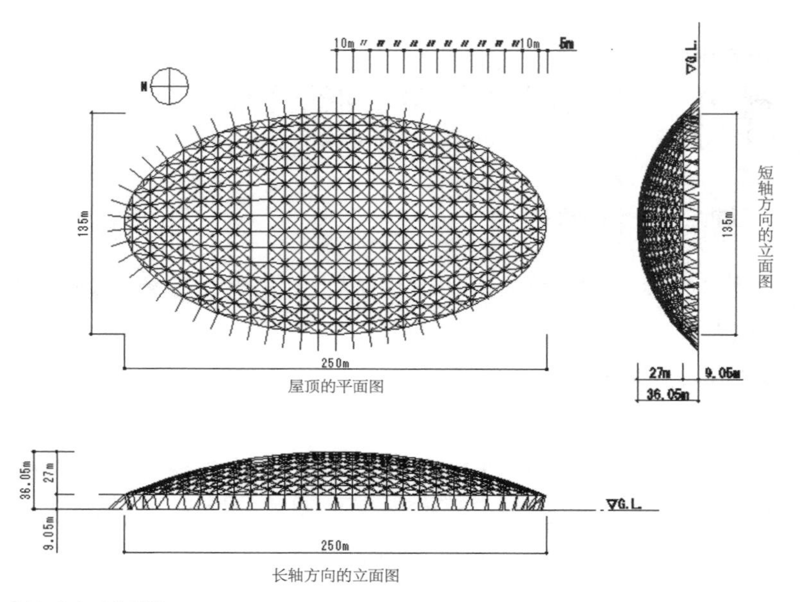

[图1] 穹顶的形状

根据长轴、短轴、焦距等尺寸大小，就可以决定椭圆的基本形状，并以此确定其内部空间的功能和布局，以最终决定穹顶的形状。

[图2] 双方向晶体构造

单层双方向晶体构造是穹顶结构中最简单的三维空间构造体系，通过各种斜撑沿斜线方向传递剪切应力。

内容（Substance）

图 3 为华盖式加筋屈曲体系的说明图。每一个节点除了受屋顶表面上的法线控制之外，还受沿对角线方向的相邻的四个节点的制约，构成一个张力桁架式的结构体系。如图 4 所示，安装了这种加筋屈曲的结构体系，该体系上的任何一个节点如果发生位移，都要受到其沿对角线方向上相邻的四个节点的制约。如果出现屈曲变形现象，就意味着其中一个节点和其相邻的节点之间出现了位置差。但是该体系能通过斜撑控制节点之间发生位移的可能，从而实现抑制整体结构出现屈曲的现象，并大幅度地提高了整体结构的抗弯强度。

效果（Result）

加筋屈曲结构的效果十分明显。从熊谷的穹顶建筑实例中可以看出，首先提高了整体的耐久力，采用加筋的方式提升了整体结构抗弯曲的能力，通过模拟分析，穹顶的承载能力比不加筋的结构要高出 5 倍以上。如果采用加筋结构，晶格结构的钢管直径须为 500 ~ 600mm，接头为套筒接头必须采用螺丝钉固定。

期望未来的加筋屈曲结构体系能大幅度地减少所用的构件数量。和双层穹顶建筑相比，同样尺寸的单层穹顶建筑其构件用量可以减少三分之一到四分之一，并且其设计、制作、施工也更加单一化，同时单层穹顶建筑的工期、成本也会大幅度地减少。而视觉效果上单层穹顶和双层穹顶的建筑差别并不是很大。

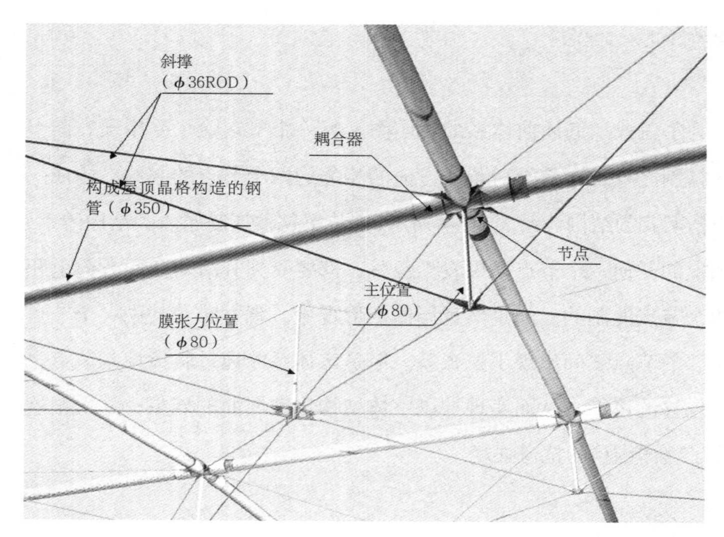

[图3] 华盖式结构体系的说明图

任何一个节点如果发生位移都要受到其沿斜线方向相邻的其他四个节点的制约，这样一种结构体系抑制了穹顶整体结构出现屈曲变形的可能。

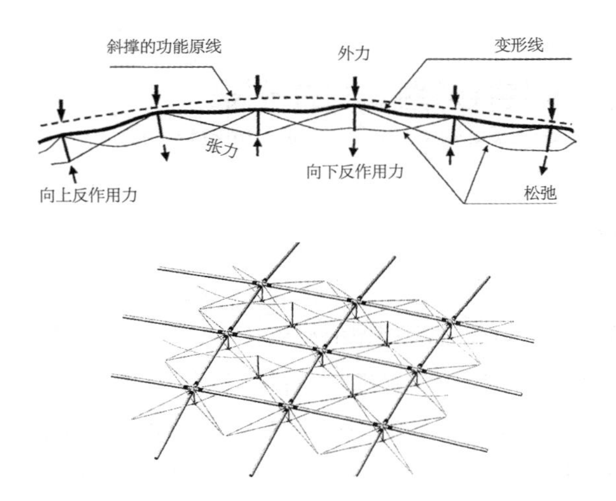

[图4] 斜撑的作用
穹顶结构所配置的X形的斜撑，具有抵抗屈曲变形和狂风侵扰的作用。同时通过框架结构传递剪切应力和拉伸应力。

发展（Evolution）

未来穹顶屋顶的轻量化是发展的一个趋势，因而在防止穹顶屈曲变形的前提下，要最大限度地实现构件尺寸的最小化。

在穹顶结构设计中，需要解决的课题是开发防止屈曲的结构体系和改革构件的连接方式。熊谷穹顶建筑中采用的斜撑方式具有一定的推广性，在其他的穹顶建筑中也可以使用。期待在不久的将来能开发出更多的可以适应不同穹顶建筑的结构体系，并根据设计、施工、经济等综合因素，来选择构件的不同连接方式，最终用力学的观点来确定穹顶形状和施工方式。

System

12 耦合连接模式的开发

Method of Coupler Screw Joints 2003

动机（Motivation）

在征集熊谷穹顶建筑设计方案的比赛中，首次提出了耦合器的概念，即采用套筒连接的方式用螺纹将构件连接在一起。这种将晶格状钢管和连接节点连接在一起的金属构件就是耦合器。之所以提出耦合器的方案，是因为采用普通的施工方法难以解决好穹顶构件之间的连接问题。

常见的施工方法是采用实地焊接或用强力螺栓将构件连接在一起。实地焊接作业要受到天气条件的制约，如果天气不好将会影响焊接的质量；同时实地焊接还受到其他因素的影响，如果在钢管下方进行焊接，施工者的操作技术水平也会对焊接质量产生较大的影响。而采用强力螺栓的连接方式，则面临的是连接接头的设计问题，由于大多数螺栓接头暴露在外，就会造成在连接处可能会留有各种不良的隐患。采用套筒连接的方式，就成为解决上述难题的新的第三种连接形式，而问题的关键是如何实现套筒连接。

内容（Substance）

套筒接管就是指能将连接节点和晶格状钢管连接在一起的金属件（参见图 1）。该金属件实际上是内有加工螺纹的金属套筒（参见图 2），这种金属套筒被称为耦合器。先将该耦合器安装在晶格形状钢管上，再用此

[图1] 连接节点

连接节点是指晶格状结构的铸钢构件连接部位，其每个连接节点重量约为10kN，而晶格钢管的材质与SN490B相当，在熊谷穹顶建筑中约有300个左右的连接节点构件。

[图2] 耦合器

其具有“连接装置”和“接缝”的含义，实际是指内有螺纹套筒状的连接构件。耦合器可以将连接节点和钢管连接在一起，根据其内螺纹的旋转方向，可以将其分为顺时针和逆时针两种不同类型的耦合器。

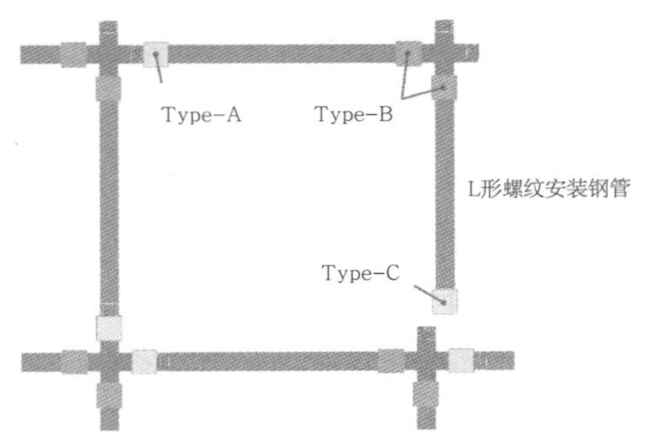

[图3] 套筒接管（即：耦合器）的安装施工

首先1个连接节点和2根钢管通过耦合器相连，然后再逐一用耦合器将钢管和连接节点相连，再顺时针或逆时针方法旋转耦合器，逐渐使整体的晶格状钢管结构稳固。

种耦合器和连接节点相互连接。

使用耦合器连接时应确保连接节点和钢管轴线方向的一致性，同时保证两点之间留有必要的调整间隙。只有确保连接节点和钢管的轴线方向在一条直线上，才能实现套筒接管和其进行螺纹连接。连接节点和套筒之间的距离是螺纹的整数倍，连接节点如同螺栓一样刻有螺纹，通过套筒的旋转实现和连接节点之间的啮合连接。

如图 3 所示进行操作，可以解决耦合器安装施工的问题。首先以 1 个连接节点和 2 根钢管作为一个施工单元，然后逐一用耦合器将连接节点和钢管连接起来，和松紧螺旋扣一样的工作原理，交替采用内螺纹方向分别为逆时针和顺时针的耦合器将节点和钢管连接起来，最后再调整各耦合器使整体的晶格状钢管结构达到稳固。

效果（Result）

图 4 所示的是晶格状钢管结构的施工现场。采用耦合连接模式可以解决铸钢和钢管之间的机械连接，最大限度地展现建筑物的美学风貌。由于连接部位采用机械连接的方式，能最大限度地保证施工的精度。在熊谷穹顶工程的初期，可以看到由于施工所造成的穹顶上下方向的最大间隙达到了 9cm，而到了工程后期再进行测定，该间隙已经为不足 4cm。采用耦合器的连接方式，可以大幅度地降低钢材的加工费用，提高整个工程的经济效益。

[图4] 晶格状钢结构的施工

可以看到施工现场用耦合器将连接节点和钢管连接在一起。

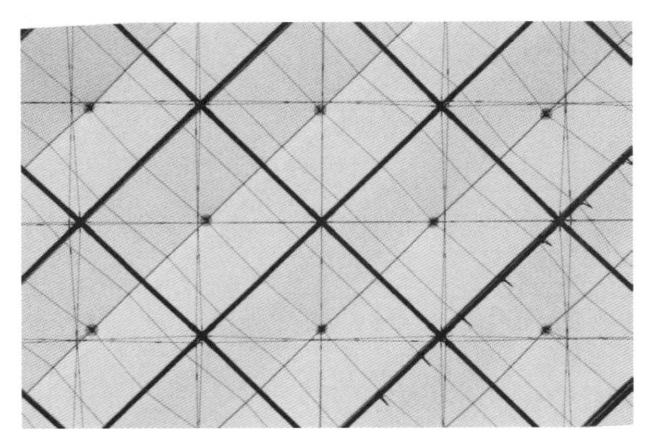

[图5] 向上看穹顶的华盖

单层网格结构的华盖，其网格的规格为10m × 10m。该工程为加筋屈曲结构体系，并采用耦合的连接模式。该单层结构的穹顶给人以较高的透明感觉。

发展（Evolution）

很多钢结构的建筑需要其钢材要有防火涂层，由于钢结构的某些缺陷，也使其应用的领域受到了一定的限制。在全世界建筑领域中，由于需要再次加工的建筑钢材并不是很多，因而也就不需要什么建筑钢材的机械加工生产基地。在高技派的建筑中，现在倾向于采用螺栓、销钉等配件连接金属构件，而避免采用传统的焊接连接方式。当今这个时代的建筑，盛行采用金属构件或机械加工后的构件作为建筑材料。21 世纪由于日本本土的产业逐渐空心化，很多制造业的生产基地已经迁至海外，日本曾引以为荣的高水平的机械加工技术目前难以维系。为了迎接建筑界新的时代的到来，人们正在逐渐放弃使用曾给人以视觉美感的高价金属构件和传统机械加工制品，而采用耦合器一类新的机械加工构件替代传统的钢材加工、现场组装、焊接等施工手段，从而提高工程的施工效率。

System 13 夹层板建筑的开发

Sandwich Panel Buildings 2003

动机（Motivation）

2003年竣工的Irony Space(反讽空间)建筑中采用了夹层板的建筑构造。

在设计本人的事务所建筑时，我们也采用比赛的形式征集设计方案。尽管本人曾再三要求设计师绝对不能将这座小型的建筑设计成平庸而毫无特色的建筑，但是无论是建筑师还是结构师都没有提出令人感到新颖而出色的设计方案。最后采用了埃克特库特·法布的设计方案，并根据设计方案制作了相应的建筑模型。我们从纸板制作的事务所建筑模型中，产生了采用夹层钢板建造事务所的灵感。

内容（Substance）

早在1985年就已经出现了采用夹层板建造的建筑，而当时是以夹层折板结构建造房屋。夹层板顾名思义就是在表面两层板材之间附带夹层，并采用焊接的方式将其固定。从力学上讲夹层板建筑属于双向受力的构造体系，并由此开发出适合采用夹层板作为建筑材料的专门的结构建筑。

一般夹层板的外表面是两层厚度为4.5mm的钢板，中间夹层为具有保温隔热功能的聚氨酯材料。尽管可以选用耐候钢作为钢板材料，并且在钢板的外表面涂上防护涂层，但是并不能完全减少钢板出现锈蚀的现象

［图1］Irony Space的东北面

这座建筑于2003年4月竣工。尽管其采用了耐候钢作为建筑材料，但是历经10年之久还是看到了钢板表面的锈蚀。虽然当初也曾对钢板的外表面进行了防锈涂层的处理加工，但是岁月的沧桑，也还使钢板表面出现了斑斑锈渍。

［图2］Irony Space的西南面

当初采用耐候钢作为夹层板的板材，绝没有想到会出现今天的红褐色、紫色的色彩。在阳光的照射下，锈渍的颜色也会出现微妙的变化。在晨曦、夕阳、晚霞等不同阳光的映衬下，钢板表面上锈渍的凹凸变化，也使反射的阳光发生奇妙的变化。

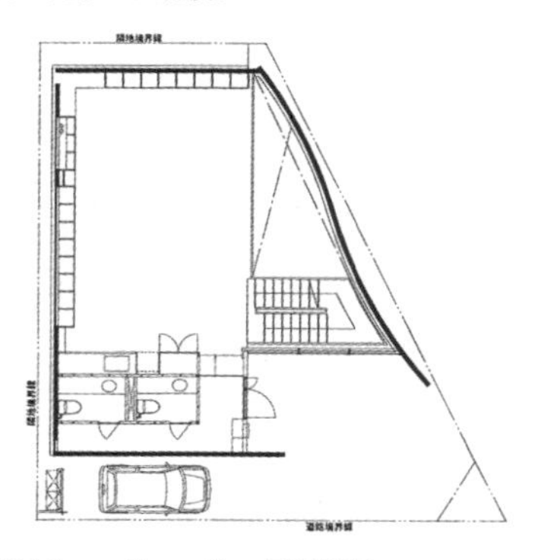

［图3］Irony Space的一层平面图

建筑物的四周全部为夹层板材料，形成了建筑物的基本构造，而建筑物内部则填充的是和抗震因素关系不大的建筑材料。

（参见图 1 ~ 图 3）。由于施工时需要现场对夹层板进行焊接和表面喷砂处理（参见图 4、图 5），而夹层中填充的是易燃的聚氨酯材料，所以施工时要特别小心，以免出现火灾。

在组装夹层板之前，首先要建造好整个建筑的基座，这种临时基座为混合式混凝土钢结构，先将夹层板进行平整后铺装地面，然后再组装墙壁（参见图 6），最后安装屋顶。如果有 7 个焊接工，焊接组装一座类似的建筑只需要 1 周的时间，对焊接缝和夹层板表面进行研磨加工则再需要 1 周的时间。因此建造这样一座建筑，其施工工期不会超过 2 周。

效果（Result）

尽管这座建筑自完工后已历经多年的沧桑，但是依然不减当年的风采。虽然随着岁月的变迁，其表面也出现了斑斑锈渍，但这座当年带有试验性质的以夹层板作为骨架的建筑，仍不愧为一个成功的创作。

建造夹层板建筑受到三种因素的制约，首先是如何建造住宅的问题。建造住宅的建筑材料多种多样，如果材料选择不当，就会将住宅建成造价高、质量低的建筑。住宅竣工时的辉煌形象，也会随着岁月的流逝将荡然无存。此类建筑的寿命可能只有 30 年，而不及欧美同类建筑寿命的一半。

第二个问题是住宅的资产价值问题。在进行土地地块交易的时候，建筑在土地上的老旧住宅的价值有时如同垃圾一样，只有坚固并带有艺术特点和具有独特建筑风格的建筑才会体现其资产的价值。第三个问题是在建筑中如何体现钢材这种建筑材料的特点。钢材是既古老又新颖的建

［图4］夹层板的制作

将W型的夹层板加工制作为大型的折板。折板的折厚为10cm、折宽为50cm，折板厚度为3.2cm。

［图5］对夹层板进行矫正加工

由于需要通过焊接将薄钢板连接在一起，因此会造成钢板表面的翘曲，而作为建造的基本材料夹层板又需要保持足够的精度。所以工匠们要对钢板进行反复地加热和冷却，然后再将焊接后翘曲的凹凸不平的钢板进行平整，这也是考验工匠们的操作水平的一项技术工作。

［图6］修建Irony Space建筑的墙壁

图中所示在构筑的基座上先铺设1层地面的夹层板，然后组装构成墙壁的夹层板，最后再组装构成2层地面的夹层板。墙壁和水泥基台底座用套筒接管连接，并和安装在夹层板内的螺栓固定。

筑材料，采用夹层板建造的建筑在一定程度上让这种古老的建筑材料又焕发出了青春的光彩。

发展（Evolution）

2007 年竣工的 IRONHOUSE 也采用了夹层板作为建筑结构材料。在这座住宅建筑中仍然可以看到日本住宅建设的风格，这也是在 Irony Space 之后本人再次采用夹层板作为建筑材料的成功实例之一。

IRONHOUSE 是为了解决日本现代住宅的难题而建造的一种实验性住宅。在人们日益重视保护地球环境并坚持可持续发展的今天，这座建筑的建成具有相当的示范意义。虽然按照住宅的栖身理论，该住宅具有人们所期望的“高耐久性能”，改变了日本传统住宅所具有的寿命短且资产价值低的缺陷，但是能否被人们所接受，还值得进一步地商榷。

如何确保住宅具有“长期的高耐久性能”，是困扰建筑师和生产商的一个难题。目前只有采用耐候钢板来制作夹层板，但是能否真正解决问题还需要时间的检验。

今后的重点应主要研究如何解决夹层板的防护问题，需要开发研究新的建筑材料和高强度预制混凝土、木材配合使用，以提高住宅使用的长期性、耐久性问题。期待在不久的将来，能解决建筑材料所存在的需提高耐久性的难题。

System

14 等截面集成材工法的开发

Method of Utilizing Uniform Cross-section Integraded Timbers 2006

动机（Motivation）

2004 年主办方通过比赛的方式征集熊野古道中心的设计者，我们的事务所以承担其中结构设计的方式参与了这次征集设计者的比赛。而这次比赛的主题是必须将中心建造成具有现代风格的木结构建筑。

现代风格的木结构建筑已经离不开各种金属连接件和各种化学胶粘剂。当今的世界已经很难再寻觅树龄在几百年以上的巨木作为木结构的建筑材料，基本上都是采用经过加工后的集成材作为基本的建筑材料，在通过金属连接件实现木材之间的连接。传统的日本木结构建筑大都采用榫卯的连接方式来传递剪切应力，也有部分采用金属扣件稳固木结构的建筑。

虽然采用传统技术建造的木结构建筑可以给人以美的艺术享受，但是由于几百年树龄的巨木已极为稀少，所以人们研究新技术，用小口径树木作为建筑材料，来建造大型的木结构建筑。

经过对新技术的评估，人们认为采用通用的木材完全可以建成新的木结构建筑。这也是促使人们研究开发集成材及其施工方法的动因所在(参见图 1、图 2)。

[图1] 熊野古道中心的外观

熊野古道中心建筑的结构设计采用了新的设计方法。用木结构建造的该中心，实现了设计方案中所设想的空间布局。

[图2] 熊野古道中心的内部

为了增强该木结构建筑物整体的抗震性能，采用了如图所示的墙壁结构设计方式。

内容（Substance）

“集成材”在日语中也称“集积木材”，是指采用实木加工成横截面积相等的木质板材。集成材和金属扣件、螺栓配合使用，可以实地组装成横梁、立柱、墙壁等结构部件，完成木结构建筑的施工建造。和2003年开发建造的夹层板建筑，在施工时有很多共通之处，只不过是将钢质的夹层板材变成了木质的集成材料。

熊野古道中心位于三重县的尾鹫市，该市是日本少数的几个多雨地区，年降雨量超过了4m，是日本著名的生产杉木、桧木的地方。采用四寸五分（135mm）的小型桧木作为建筑用的集成材，可以用其建造木结构中具有抗震功能的墙壁。如果用14根桧木组装成具有抗震功能的墙壁，其宽度可以达到1890mm，相当于2辆卡车的宽度。由桧木板材构成的抗震墙，其中的每根桧木板材是相互独立的，而该建筑物的抗震能力 = 每根桧木的抗震强度 × 根数。

这种造型结构的抗震墙，桧木板材被均匀地间隔开来，增加了墙体的透明感和轻快感（参见图3）。4组立柱支撑着木结构建筑整体的荷重，而防震墙则发挥着抗震的功能。熊野古道中心用以组装立柱、横梁、墙壁的桧木有6000根，每根桧木的长度均为6m，整个木结构建筑所使用的金属连接扣件达到了4万个。

［图3］熊野古道中心的施工
用金属扣件和集成材进行组装的施工现场，组装1栋木结构建筑其工期只需要10日。

［图4］金属扣件
使用金属扣件可以将木材固定连接在一起组装成横梁。而采用集成材组装的横梁，有不低于截面积相等的实木横梁的刚性、抗弯强度，安装在集成材上的金属扣件可以有效地起到连接和固定的木材作用。

效果（Result）

金属连接扣件将四寸五分的桧木木材连接、固定在一起。虽然连接固定在一起的木材会产生剪切应力，但是由于金属扣件的作用，限制了木材之间可能发生各种位移。尽管也采用螺栓将木材连接在一起，但是整体的强度仍以木材强度为主，而不考虑螺栓的强度。金属扣件的直径应当为木材的宽度的一半，而直径 70mm 的扣件和直径 16mm 的螺栓相配，金属扣件和螺栓应按照相关的规定配合使用（参见图 4）。

由于两根木材只是单纯地接触在一起，两根木材间也会出现位移滑动，所以两根单纯接触一起的木材的抗弯强度不会超过原来的 2 倍。如果用金属扣件将两根木材连接固定在一起，其抗弯强度有可能提高 2 ~ 3 倍，甚至可以达到 8 倍。单一木材只有组合在一起木材强度的二分之一，人们完全可以用集成材作为常用的结构木材，以建造大跨度的木建筑。期望采用集成材建造的木结构建筑，能和传统的木结构建筑一样具有很长的建筑生命。

发展（Evolution）

古老的木结构建筑完全可以采用新的结构体系。近年来开发的等截面集成材可以用来建造大跨度的木结构建筑。现在日本所使用的作为集成材的木材大多来自于海外，尽管日本也有丰富的木材蓄积量，但是由于竞争力不强，也只能使日本的森林处于长年的休眠状态。

熊野古道中心使用了当地产的6000根尾鹫桧的木材。如何有效地利用好国产的实木加工的等截面集成材，研讨以集成材作为建造木结构建筑的基本材料的施工方法，是摆在日本同仁面前的新课题。

木材是日本有限的国产资源，政府应采取相应的措施推进并有效合理地利用这些资源。目前日本很少砍伐和生产10～20cm小口径的木材，更谈不上利用这些木材作为建造木结构建筑的集成材。但是如何利用这些价格低廉的木材，有效提高其应有的价值，应成为各方需认真考虑的问题。

第四章 结构设计的实践

通过阅读建筑设计规划书，抛开时代的背景，从中可以感受到建筑师的思想起伏和情感波澜。任何一个建筑设计方案都为未来的结构设计指明了方向，并且用精练的语言描述了新的建筑结构体系。尽管人们从主观上将设计分成了建筑设计和结构设计，但最终结果均是需要各方共同协作才能完成一个建筑作品。而建筑作品的成功与否需要建筑专家、该建筑的使用者以历史和客观的视角做出公正的评价。

Project

01 藤泽市湘南台文化中心

Syonandai Cultural Center in Fujisawa city 1986~1990

设计资料（Design Data）

| 业主 | 藤泽市

| 设计 | 长谷川逸子 · 建筑规划工作室

| 用途 | 剧场 · 文化设施

| 结构 | 钢筋混凝土（一部分为钢架结构）

| 规模 | 建筑面积 14400m²（地下 2 层、地上 4 层）

| 第一期设计时间 |1986 年 4 月 ~ 1987 年 3 月，1989 年 6 月竣工

| 第二期设计时间 |1987 年 4 月 ~ 1988 年 3 月，1990 年 7 月竣工

| 特征 | 网格化球体 · 正二十面体 · 球面分割

时代背景

我从阿尔及利亚回国之后的第 2 年（即 1984 年 4 月）开设了私人的事务所，那时候我刚好 40 岁。在事务所刚开张的一年里，几乎没有承揽过什么像样的业务。但是一年之后，各种业务如同泡沫一样不断地涌现了。

湘南台文化中心的设计方案在 1985 年举行的公开招标比赛中被认定为最优秀的设计方案，这也是本人的事务所在成立两年后所承接的最重要的工作。20 世纪 80 年代是日本技术文明高速发展的鼎盛时期，同时也为未来的发展留下了各种问题，即如何保持可持续的快速发展。在这样的时代背景下，孕育产生了湘南台文化中心（参见图 1）。该中心体现了“建

[图1] 湘南台文化中心的广场

中心一层的广场被称为外部广场。仿佛飘浮在空中的地球仪，并不对人们观察周围的环境造成视觉上的影响。

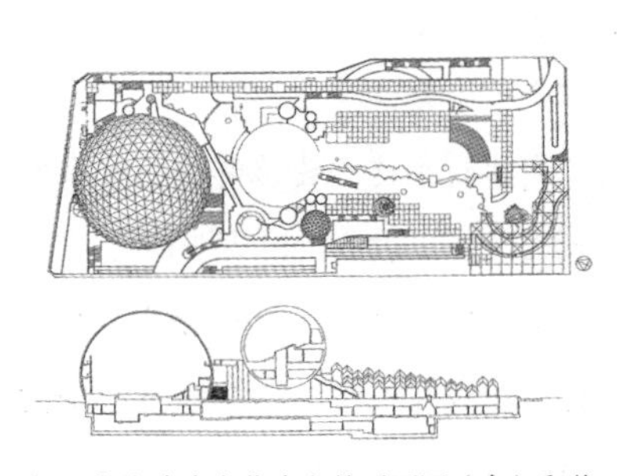

[图2] 湘南台文化中心的平面图（上）和截面图

地下2层全部为钢筋混凝土结构，并且和地上4层的天文馆相连构成一个整体的建筑构造。

筑是表现时代意志的空间造型”这一规律。

作为第二自然的建筑

谈到“第二自然的建筑”这一概念，是基于大多数人认为任何工程的开发均是对自然环境的破坏这一前提之下，所提出的不破坏环境而与自然共存的建筑设计思想。即把建筑物的形态和周边环境融合成为一体，将建筑物看成是构成自然环境的一个重要组成部分。

湘南台文化中心还设有公民馆、体育馆等设施，整座建筑物的 70% 均被埋在地下，地上有被称为“地球仪”的天文馆和被称为“宇宙仪”的市民大厅，以及周边所环绕的散步回廊。这样的建筑设计使其如同一个小型的宇宙一般。

象征未来的一层种植着各种树木，而屋顶的散步回廊的周边则种植着 200 余种植物，构成了“第二自然的建筑”的外部空间。

宇宙飞船

当我看到这座建筑群的一层甲板时，不由得立即想到了“宇宙飞船”。其完全可以看成是巴克明斯特·富勒所建造的“地球号”宇宙飞船的翻版。

由于该建筑群的 70% 被埋在地下，如何保持建筑物的支撑浮力成为困扰结构设计师的一个难题（参见图 2）。一般在考虑支撑建筑物重量的“浮力”时，要注意深埋在地下的建筑，而使地上的建筑尽可能地轻巧。如果不认真对待上述问题，就有可能在施工过程中遭遇到相应的麻烦。

该建筑群的主体建筑位于水平线之下的 8.0 ~ 10m，挖出的土方重量达到了 765000kN，而建筑物的重量不过为 300000kN，也就是建筑物的重量只是挖方重量的 40% 左右。由于地下水的影响，地下水位的上升对建筑物也会产生浮力的作用。建筑物重量的影响为 60kN/m²，当水头落差超过 6m 时，地下水位的上升就会对建筑物产生向上的浮力。

由于地下水的水位位于水平线之下的 5.5m，而到了梅雨季节，地下水位就会上升，因此要考虑到向上的浮力对建筑物的影响。浮力位于建筑物的底部，如果水量不足就不会对建筑物产生浮力。虽然建筑物的底面积为 5000m²，但是只要有 50m² 的水量，就有可能使建筑物向上产生 1cm 的位移。因此在正常水位的高度设置了排水带，以备水位上升时能及时将水排掉。

在施工过程中还出现过意想不到的事情。当年在进行前期的地质调查打孔时，在建筑工地中央的沃土层下，不小心钻到了砂砾层，造成地下水位急剧上升，给建筑物的基础施工造成了很大的麻烦。当时体育馆的地面有好似透镜一样向上凸起，其原因就是地下水上升造成的。

当找到原因，再在体育馆地面钻开孔之后，地下水从孔中如斗鱼一样向上喷出 2m 之高的水柱，同时地面逐渐恢复水平的形状。

市民穹顶大厅的结构

在前面第三章已经谈到，由于工程预算的问题迫使结构设计师对市民大厅的建筑结构进行了必要的修改。

建筑物球体的表面为何要采用铁质板呢？是为了降低工程的造价，决定先在球体的表面用钢板覆盖并进行防水焊接，然后再在其表面热喷涂铝层。施工方先将铁板进行曲面加工，然后再将其焊接成储气罐的形状。这在建筑施工中，开创了应用钢板加工技术的先例。

［图3］球体铺设钢板的钢架

面临的难题是如何保证钢架的形状并符合施工的要求。铺设钢板的槽钢规格为C-100×50×5×7，而平面三角形钢板的边长为2.5m，钢板的每边约有6mm和槽钢覆盖。为了确保隔声效果，还需要浇筑75mm厚的混凝土。

［图4］市民穹顶大厅

采用热喷涂的方式直接将铝层喷涂到钢板上。时至今日钢板上依然看不到任何锈渍，这进一步证明当年采用这种喷涂方式使材料具有很高的耐久性能。

球体建筑为正二十面体，和正二十面体脊线的中点相连的圆弧钢架采用规格 H-200×200×8×12 的钢材，每一面体至少有 16 个连接点，每个连接点均采用法兰盘、强力螺栓、焊接等方式进行连接。而铺设钢板的架梁则采用规格为 H-194×150×6×9 的钢材，其两端用铰链合页连接（参见图 3、图 4）。

体育馆的结构

体育馆为一层的建筑，其屋顶为 22m×34m。由于体育馆的屋顶跨度较大，因而采用了菱形的网格状钢梁屋顶结构，该结构属于小型的钢架结构体系，可以根据屋顶的形状，进行适当的大小调整。

在进行菱形网格状钢梁的施工时，不需要搭建临时性的操作台，而是事先做好设计，从周边徐徐向中央进行架梁施工（参见图 5）。只要事先进行周密的结构设计，架梁施工就不会成为难题，关键的是施工时需要细致、耐心。在通常情况下，平面的正方形采用正交的网格形状；若是长度为 2 倍宽度的长方形，则采用菱形的网格，钢梁采用工字梁。

外部阶梯的结构

普通的建筑物均由主体结构和附属结构构成，作为附属结构的阶梯也在建筑物的整体结构中发挥着重要的作用。以这座高技派的建筑为例，设计好连接广场和天文馆的外部阶梯，也会对整座建筑起到画龙点睛的效果。

如图所示的这条 15m 长的阶梯，采用这样一种结构形式，给人以好似飘浮在空中的感觉（参见图 6）。

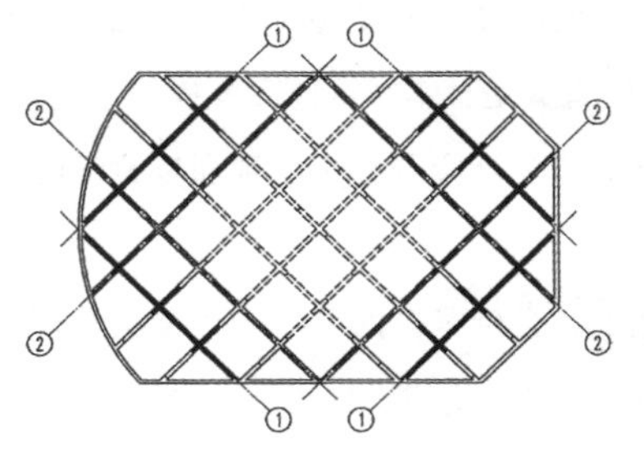

［图5］体育馆屋顶的施工方式

由于体育馆的屋顶跨度较大，因而采用了菱形网格状的钢梁结构。

［图6］外部阶梯的结构

这座15m长的阶梯主体采用了开孔率为40%、厚度4.5mm钢板，构成了金属桁架式的结构。

Project 02 长田电机工业名古屋工厂·中央研究所 BASE

BASE 1990~1992

设计资料（Design Data）

| 业主 | 长田电机工业

| 设计 | 埃克特库特·法布

| 用途 | 牙科医疗器械组装工厂·研究所

| 结构 | 钢筋混凝土结构（其中一部分为钢架结构）

| 规模 | 建筑面积 4200m²（地下 1 层，地上 5 层）

| 设计时间 |1990 年 10 月 ~ 1991 年 5 月，1992 年 5 月竣工

| 特征 | 混合式混凝土钢结构·平坦楼层·钢板屋顶

时代背景

进行该建筑的结构设计时，正是日本泡沫经济的鼎盛时期。自泡沫经济崩溃之后的 1992 ~ 2001 年的十年，被看成是日本经济停滞发展的十年。日本经济一直处于一个低迷阶段，整个日本社会则处于一种通货紧缩的状态。

就是在这样一种经济状态的背景之下，得到了全面重建长田电机总部的牙科医疗机器工厂的消息，当时真是让人半信半疑。但是该行业的发展不会受制于时代的发展，其对整个社会的安定发挥着十分重要的作用。

BASE

建筑师根据该项目的地域环境特点，并基于植根于大地的理念，故将其命名为“BASE”，其包含有基础、基本的涵义。“BASE”工程是将原长田电机总部的旧建筑拆除而重新建造的一个新建筑。在总部建筑竣工之前，中央研究所只是在临时的工厂内维持相应的生产。在总部工厂的建筑全部竣工之后，中央研究所立即进驻并全面使用这座新的建筑。上述的原因决定了该工厂的整体工程工期紧、造价低，并且该建筑不仅发挥着工厂的作用，同时也被赋予了其他不同的使命。

总部工厂的混合式混凝土钢结构的屋顶

总部工厂的建筑特点就是采用大屋顶的建筑结构。其月牙形的大屋顶的长边为 90m、最大跨度为 25m、面积为 1800m²，其顶棚的高度为 9m，为生产、研究提供了足够的作业空间（参见图 1）。

由于牙科医疗机器的组装工厂对环境的清洁是第一要求要素，因而在其建筑的顶棚上安装有特殊的空调，该空调出风的风道管和喷嘴可以自动转向。同时强对流的空气也不会对平坦的层板、横梁造成丝毫的损坏。由于屋顶的面积达到了 1800m²，而横梁对屋顶也起着支撑作用，因而该建筑将横梁和屋顶顶棚采用了特殊的屋顶设计构造。

该建筑采用了圆弧状的支撑立柱支撑平坦式的屋顶层板，圆弧状的支撑立柱承受来自层板的张力（参见图 2）。

支撑屋顶的支撑立柱构成了类似吊桥的支撑架构，屋顶就如同吊桥的桥面，支撑架构支撑着类似桥面的屋顶。由于屋顶层板产生的弯矩使支

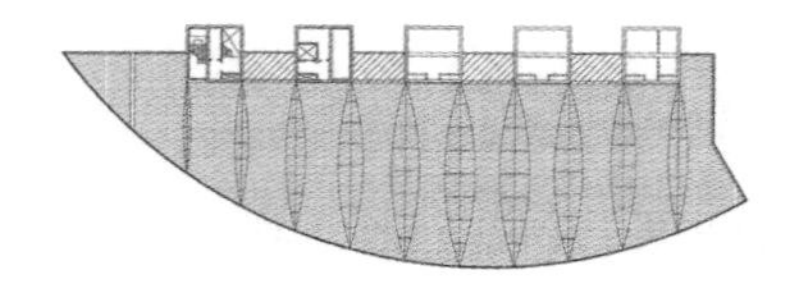

[图1] 总部工厂屋顶的平面图
每隔7.2m跨度设置了类似透镜形状的钢结构，而其下方的支撑架构支撑着屋顶的透镜构造。

[图2] 长田电机总部工厂的内部
其内部为混合式混凝土钢结构。而钢筋混凝土的层板厚度为20cm，最大跨度可以达到25m。圆弧状的支撑架构，其间隔为7.2m。每根支撑架构直接承受的张力为1620kN。

撑架构不仅承受剪切应力作用，同时也受到弯曲应力的作用。

屋顶层板在施工前需要安装模板，层板间的透镜架构采用H–100×100×6×8规格的钢材（参见图3、图4）。由于该建筑属于复合式建筑结构，在浇筑混凝土后，只有当混凝土强度达到设计基础强度值时，才能拆除脚手架和模板。

经过计算可以预测屋顶层板的中央可能出现45mm的弹性变形，因此设置了可以抗弯曲变形的支撑柱，以避免在拆除模板时可能产生50mm左右的形变。

［图3］施工中的总部工厂
V字形的支撑架构受到垂直方向的张力作用，支撑层板的横梁为钢结构。

［图4］屋顶层板施工时的模板、脚手架
以脚手架的方式支撑层面模板，层面模板在安装之前已经设置好层板的各种配筋。

中央研究所的钢板屋顶

中央研究所为两层的钢结构建筑，内设有临时工厂和各种研究室。由于一期工程的目的就是建成临时工厂，因此整个建筑采用了钢架结构，以缩短工期和降低工程造价。

由于临时工厂的屋顶架设在直径为24m的圆筒状的墙壁之上，因而有人提议将建筑物的屋顶设计成直径为24m的半球形状。但是建筑师所提出的设计方案是将其设计成屋顶高度为2m的类似扁平状的弧形，屋顶

[图5] 中央研究所的外观
架设在圆筒状墙壁上的屋顶如同飘浮在空中的宇宙飞碟。整座建筑的顶棚为对称结构，构成单层的穹顶架构，上面铺设轻质的金属薄板，使屋顶表现成透镜一样的轮廓。

的边缘则为锋利的锐角，屋顶好似飘浮在墙壁之上，就如同浮游在空中的飞碟一般（参见图5）。

由于临时工厂受施工工期和工程造价的制约，因而采用这样的建筑结构设计，否则的话最好还是应当采用类似湘南台文化中心的市民大厅的设计结构。由于临时工厂建筑的屋顶直径不超过24m，因而省略了屋顶的底盘设计，而直接用钢板构成屋顶的壳体结构。

中央研究所的屋顶高度只有2m，相对于24m的屋顶直径而言实在是太小。但是这屋顶是在直径为73.8m的球体的顶部截取的一个高度为2m、折径24m的球冠（参见图6）。

这个截取的球冠屋顶由160块三角形的金属钢板构成，这些厚度为6mm的金属板的规格为L–75×75×6。金属板由专门工厂进行生产，并在现场采用防水焊接的方式焊接成球冠屋顶（参见图7）。现场角焊接的长度约为380m，如果用一个技术熟练的焊工进行实地焊接，只需要7～10天的时间就可以焊接完成。

屋顶的跨度为24m，其加强筋的宽度为8.1cm，仅为跨度的1/300。由于屋顶的固定荷载在0.9kN/m^{2}以下，因而该屋顶结构属于轻质的薄型屋顶构造。

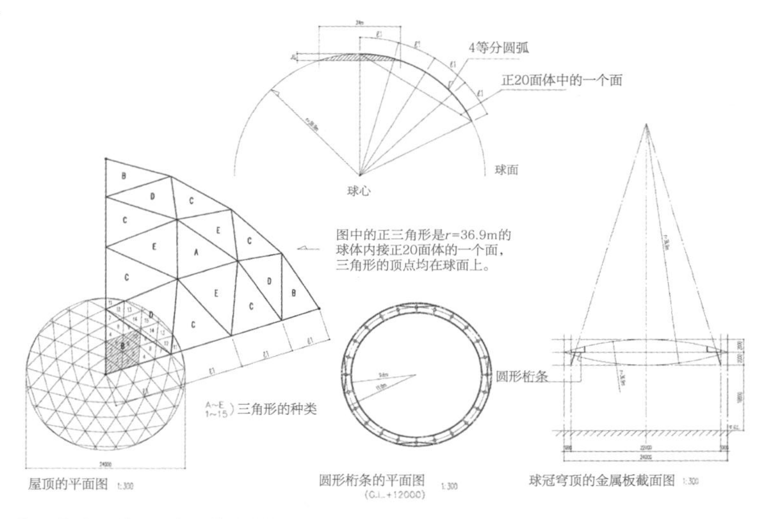

［图6］穹顶的正二十面体的分割面

每块金属钢板的边长尺寸是弧长为38.9m的球面弧的1/16。

［图7］建造中的屋顶金属钢板

金属钢板重量很轻，两个人就可以搬运施工。施工时需要先将金属钢板安装在支撑架上，然后进行金属钢板的焊接施工。

Project

03 歌舞伎町工程

Project of Kabukicho 1990~1993

设计资料（Design Data）

| 业主 | 太阳殖产

| 设计 | 理查德・罗杰斯团队，埃克特库特・法布

| 用途 | 事务所

| 结构 | 钢结构・钢筋混凝土结构

| 规模 | 建筑面积 1757m²（地下 3 层、地上 10 层）

| 设计时间 |1988 年 10 月 ~ 1989 年 11 月，1993 年 5 月竣工

| 特征 | 高技派建筑・天井・游艇的桅杆

时代背景

开始设计该建筑是在 1988 年，当时日本正是泡沫经济发展的鼎盛时期，日本各地都处在进行大规模建设的热潮之中。作为解决对美贸易的顺差的策略之一，日本大力倡导扩大内需，结果造成了经济过热和物价上升，并使得放贷加速和税收增加。由于税收的大幅增加，政府大力增加建设预算，兴建类似东京会所一类的公共建筑和其他的一般建筑，并诚邀来自世界各地的建筑师和艺术派大师进行建筑设计。

这一时期理查德・罗杰斯的设计团队同时在日本主持多项建筑工程的设计，在日本泡沫经济崩溃时，已经建成了歌舞伎町的工程项目（参见图 1、图 2）。

［图1］歌舞伎町工程的全貌（1）

在狭窄的地面上建造该工程，该建筑物如同宝石一样展现在路人的面前。

［图2］歌舞伎町工程的全貌（2）

天井和外部楼梯作为主体建筑的附属建筑要素设置在建筑物的外部空间。

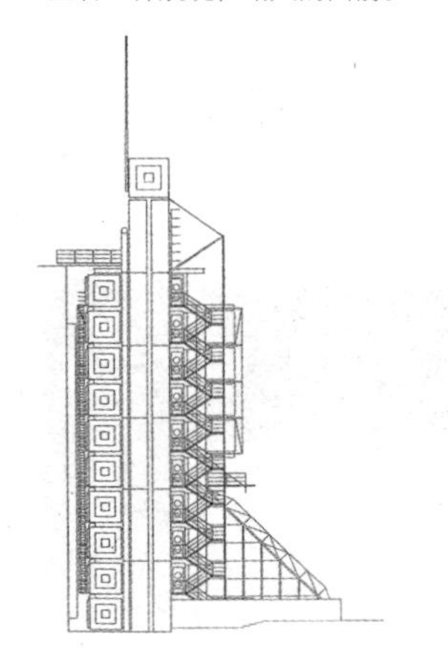

LEGEND
1 OFFICES
2 MALE
3 FEMALE
4 LIFT
5 AHU
6 KITCHEN
7 ESCAPE BALCONY
8 BALCONY

［图3、4］歌舞伎町工程基准的平面图/立面图

主体建筑设置了4根支撑立柱，构成了几何意义上的建筑物主体空间。在主体空间周围环绕着附属的辅助建筑。

主体建筑空间和辅助建筑空间

英国的建筑师理查德·罗杰斯和伦佐·皮亚诺作为巴黎蓬皮杜文化中心的设计者，是当时世界上十分著名的建筑设计师。

理查德·罗杰斯采用和蓬皮杜文化中心相类似的设计方法设计歌舞伎町，即把构成建筑物的辅助要素从建筑物中剥离开来，采用再建筑的设计方法。建筑物只保留基本的骨骼结构，而将设备管道、升降楼梯、自动扶梯、楼梯等建筑要素和主体建筑相剥离，形成了主体建筑空间和辅助建筑空间，并明确区分两个不同建筑空间的使用功能（参见图 3、图 4）。

主体结构

主体结构为 4 根立柱所构成的钢架框架结构，其立柱、横梁均被涂覆了防火涂料，并直接现场浇筑混凝土。楼层地面在网格梁架的基础上浇筑混凝土，网格梁架和顶棚管道整体进行布局，设备管道和顶棚整体进行施工（参见图 5）。

天井的结构

建筑物所围成的天井由地下 2 层、地上 4 层组成，构成了上下 6 层的贯穿空间。

建筑物的地上部分沿街面道路向里缩进，形成一个天井的结构，使得阳光可以直接照射到地下各

[图5] 基础工程的内部
底座为纯钢架结构。可以看到窗框结构和天井的部分结构。

层。这样一种建筑结构是有效地利用价高、地窄的土地资源，实现空间资源的最大化，建造出了平常人难以想象的现代建筑。罗杰斯本人就曾经这样评价歌舞伎町的建筑："这座建筑虽然小巧，但也属于宝石级的建筑"。

尽管该建筑可以看成是金属制品的建筑，但是整座建筑也追求力学建筑的合理性。整座建筑排除了各种焊接金属的手段，而是采用销钉、强力螺栓等连接方式实现各建筑构件之间的组装和拼接。整座建筑尽可能地消除恣意设计的痕迹，而充分展示工匠们娴熟地工艺技能。

天井采用不锈钢的材料，并且沿 45° 角架设桁架。架设桁架时采用英国游艇制造企业的生产技术，采用日本不锈钢建筑材料，现场生产各种工程构件，并最终在现场进行组装施工。

游艇的桅杆立柱并不是将底部的柱脚固定形成悬臂柱，而是安装有铰链;桅杆的顶部也有连接的绳索将其固定,桅杆可以沿轴向方向进行旋转，通过风向的作用使船帆转向并进行自由的航行。桅杆通常受到压缩应力的作用，而船帆的压力使桅杆发挥着张力桁架的作用，并将船帆的压力转化给桅杆以剪切应力作用和弯曲应力的作用。

玻璃天井桅杆的前后各矗立着 2 根立柱，一方面起着拉伸作用，另一方面起着压缩作用。

尽管受到压缩的作用，但是立柱并不发生弯曲。在连接处安装有类似圆筒的特殊装置，可以对立柱产生松弛效果，并防止产生压缩应力。接缝处安装的类似圆筒状的装置平时并不常见（参见图 6、图 7）。

［图6］天井的内部

屋顶和墙面均为玻璃面，构成了内外相互对称的建筑结构。

［图7］天井外部的百叶窗

在玻璃窗的外部安装有可以遮阳的百叶窗。百叶窗也须作为整体建筑考虑的一个重要建筑要素。

埃里克式的楼梯

由于当年罗杰斯同时在日本主持多项建筑工程，因而在东京开设了罗杰斯事务所。歌舞伎町的工程由洛瑞·雅培先生具体负责，而外部的阶梯工程则由埃里克·霍尔特先生负责，他们两人均是经验丰富的优秀建筑师。

埃里克先生在设计之出就设想："这座楼梯应该就如同随身携带皮包一样，如果使其能成为可以自由组装的楼梯就好了"。正是基于这样的设计思想，本人进行反复地应力计算，并进行构件的断面解析，提出了令各方满意的设计结构。

根据埃里克的设计思想，本人仔细地研讨结构构件的组合方案。在和罗杰斯事务所建筑师们不断交流的过程中，本人也好像逐渐转变成了一位建筑师。

该建筑物的很多结构部件均采用“lost wax”的方法制作，即采用精密铸造的方式生产，并用强力螺栓进行固定。设置在天井外部的楼梯也排除了各种焊接的方式，而是采用手工的方式通过各种连接构件将其组装连接在一起。如此精致、轻巧、透明的楼梯在其他的建筑物中并不多见（参见图 8、图 9）。

令人感到惋惜的是埃里克先生生前并没有看到他所设计的这座楼梯最终完工。

［图8、图9］外部楼梯

楼梯的面板为不锈钢的多孔金属板，楼梯面板的框架由4根金属钢架构成。尽管从力学和视觉角度单看这些金属部件并不赋予人们美感，但是其组合起来的这座精致、轻巧、透明的楼梯在其他的建筑物中并不多见。

Project

04 那须野原和谐会堂

Nasunogahara Harmony Hall 1992~1994

设计资料（Design Data）

| 业主 | 枥木县大田原市

| 设计 | 早草睦惠、仲条顺一（单元空间建筑师工作室）

| 用途 | 剧场 · 展览馆 · 集会场所

| 结构 | 钢筋混凝土结构 · 钢架钢筋混凝土结构（一部分为钢架结构）

| 规模 | 建筑面积 8999m²（地下 1 层、地上 3 层）

| 第一期建筑设计时间 |1992 年 1 月 ~ 1992 年 9 月，1994 年 1 月竣工

| 特征 | 单层穹顶用柱 · DPG（点式玻璃结构）· 单层屋顶

时代背景

那须野原和谐会堂、方舟艺术美术馆、墨田生涯学习中心等公共建筑，均是在 1994 年竣工的大型建筑群。20 世纪最后的一个 10 年，是日本泡沫经济发展的鼎盛时期，日本各地均掀起了大力兴建公共建筑的热潮。

随之而来的是环境遭到破坏、温室气体激增、地球快速变暖等一系列环境问题，使得世界各国于 1997 年签订了京都议定书，承诺消减温室气体的排放，并将其作为各国必须遵守的义务。在建筑领域中也出现了从耗能型建筑向节能型、环保型建筑的设计转变。

从316件应征作品中选出

1991年在大田原市的西那须野町举行的投标设计比赛的选拔大会上，由早草睦惠和仲条顺一所组成团队（单元空间建筑师工作室）的设计方案从316件应征作品当中脱颖而出。

整个工程位于一处三角形地块，其东面和南面均毗邻公路。单元空间工作室的设计方案巧妙地利用这块特殊的地理环境，设置了由东北向西南对角轴线方向的人行通道，轴线的北侧配置了大小不一的会堂建筑，而轴线的南侧规划设计建造艺术馆和管理用房（参见图1）。

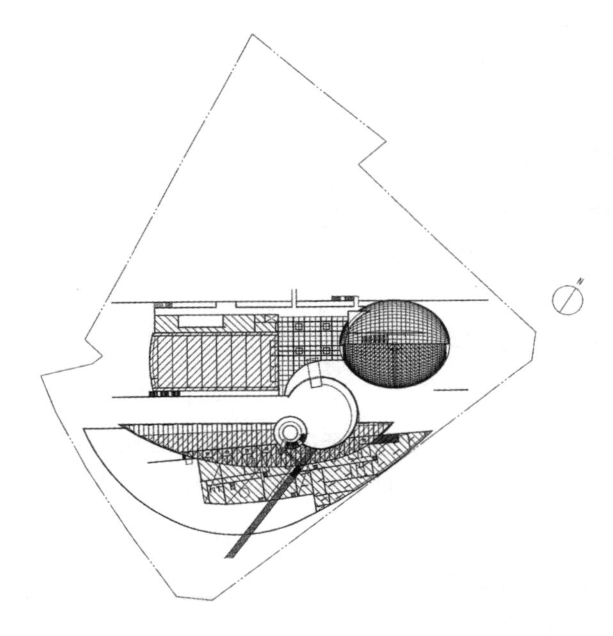

[图1] 一层的平面图

中央设置了圆形广场，建筑物沿人行通道的轴线两侧合理布局。

[图2] 那须野原和谐会堂（左图/从西南方向看）
命名为“水中步道”的人行通道为建筑群的布局轴线，其两侧分别建有大厅建筑和艺术馆建筑。

[图3] 那须野原和谐会堂（上图/从东北方向看）
椭圆穹顶的小型会堂建筑为钢筋混凝土结构和钢架结构的混合型结构。

轴线的中央设置了一个圆形广场，整个建筑群的不同建筑的大门均朝向广场，这样方便了人们进出各个建筑（参见图 2、图 3）。从南侧观看整座建筑群，就如同起伏的山丘一般。

集高技派风格为一体的建筑群

由于在很短的时间内就从应征比赛中选定了最终的建筑方案，所以确定建筑方案之日就是开始结构体系设计之时。我被邀请主持该工程的结构设计就是在该工程刚刚启动的时候，当我第一次看到该工程的设计模型时，其锐角屋顶造型使本人决定必须采用薄型的“面之结构”（参见图4）。在这座体现“面之结构”特点的工程建筑中，本人采用了六种特殊的不同结构设计模式。

[图4] 模型照片
各设施建筑的大门均朝向位于建筑群中央的圆形广场，形成了放射状的空间布局，方便人们出入各个不同的建筑设施。

为了提高大小会堂的隔声效果，本人采用了钢筋混凝土的壳体设计，会堂建筑的外壁全部浇筑了混凝土。为了解决混凝土壳体屋顶的防水问题，工程施工时把它和墙体采用了一体化的防水处理。为了控制混凝土壳体屋顶可能会出现的全面收缩状况，通过有限元软件COSMOS进行计算分析，采用附加桁架的方式解决可能会出现的问题。并用该软件对艺术馆的建筑进行了非线性解析和面之解析，整座建筑群可谓是集高新技术为一体的建筑群。

小型会堂的结构

小型会堂建筑的大厅为网格状壳体结构。小型会堂为半椭圆球形的造型，采用了钢筋混凝土的结构，其大厅为钢架结构的混合式壳体构造，形成了刚性和强度均很高的网格状混凝土壳体大厅建筑(参见图5、图6)。

艺术馆的结构

艺术馆的建筑以透明性作为其建筑风格的主题，采用了窗框极少的DPG结构（即：点式玻璃结构）以提高整体建筑的透明度。建筑物外墙

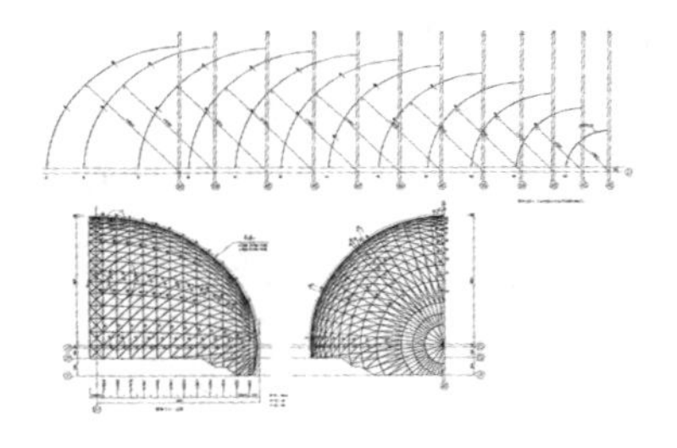

为玻璃面，玻璃面之间的立柱很细以增强玻璃面的连续感，玻璃面采用了整体的结构体系设计（参见图 7）。

由于采用 DPG 的结构设计，因此由支撑立柱承载着屋顶和玻璃的负荷。为了避免支撑立柱出现弯曲屈服现象，采用了直径为140mm 钢质圆管作为立柱材料。圆管立柱的外表面涂覆了防火涂料，内部填充水泥灰浆。

[图5] 小型会堂的休息大厅
为体现建筑空间光和影的强烈对比效果，采用立柱直径仅为5cm的钢结构设计。该结构属于利于应力分散的均质“面之结构”。

[图6] 小型会堂休息大厅的网格化壳体
小型会堂休息大厅的造型从几何角度可以将其看成是由一个椭圆沿中心轴线旋转半圈而构成的。上图为12种以不同短轴为半径所绘制的圆弧。

[图7] 艺术馆的窗框体系
为提高艺术馆整体的透明效果，而采用了窗框极少的DPG结构体系。该建筑的DPG结构体系通过使用直径为12.7mm的不锈钢丝，采用吊桥的原理以X形状配置，形成了可以应对正负风压作用的特殊张力结构体系。

[图8] 向上可以看到艺术馆的顶棚
位于顶棚上的圆管仿佛飘浮在屋顶一样，和直径为32mm管状支撑立柱连接在了一起。

艺术馆的顶棚也为玻璃面，形成了屋顶和墙面为均质一体的空间结构（参见图 8）。

大型会堂休息大厅顶棚的结构

大型会堂休息大厅的屋顶，位于小型会堂和大型会堂之间的狭窄空间。由于大小会堂建筑的刚性很高，为防止因干燥等原因出现的收缩现象，在会堂建筑的两侧留有施工缝，以避免大厅建筑的屋顶可能会出现的变形。并添加 D13ϕ150 的配筋，以提高其抗震性能。

钢筋混凝土的屋顶层板配置了间距为 2250mm 的格子梁，格子梁的下方有直径为 40mm 伞状的支撑柱，伞状支撑柱的支撑节点距格子梁的距离为 1750mm。总共 64 根伞状支撑柱支撑着厚度只有 130mm 的屋顶层板。

格子梁和屋顶层板是相互分离的，为了彰显屋顶层面的开阔感和建筑物的轻快感，采用了细柱支撑体系支撑钢筋混凝土结构。独立于屋顶的格子梁结构如同浮游在空中一样，更增加了整体建筑的无重力感觉（参见图 9）。

[图9] 向上可以看到的大型会堂休息大厅的顶棚 伞状支撑柱支撑着方块状的格子梁，同时可以看到钢筋混凝土的屋顶层板。

Project

05 气仙沼市方舟艺术美术馆

Rias Ark Museum of Art 1990~1994

设计资料（Design Data）

| 业主 | 宫城县气仙沼市

| 设计 | 早稻田大学石山修武研究室

| 用途 | 展示馆

| 结构 | 钢筋混凝土结构（一部分为钢架结构）

| 规模 | 建筑面积为 4601m²（地上 3 层）

| 设计时间 |1990 年 4 月 ~ 1993 年 3 月，1994 年 3 月竣工

| 特征 | 支撑网格结构 · FR 钢（耐火钢）· 实木

时代背景

方舟艺术美术馆是建筑师石山修武先生早期设计的一个建筑作品。1991 年的夏末秋初的时节，本人曾经单独拜访过位于早稻田大学的石山研究室。

在木村事务所业务十分繁忙的时期，本人最早是从恩师木村俊彦先生那里听到过作为结构设计师的石山先生的大名。这也成为在进行自我介绍时，本人能和石山先生很快就有共同语言的一个主要因素。木村俊彦先生常常自诩为脱离了学院主义、通俗主义、官僚主义等思想束缚的结构设计师，相关杂志也曾报道过石山先生十分认可木村俊彦，并从内心十分尊敬木村先生。但是本人也有所耳闻该说法和实际情况有较大的出入。

这个人究竟是怎样的一个人？和想象的是不是一样？带着这样的疑问本人拜访了石山先生的研究室。当时研究室明亮的灯光映照着各种建筑模型，石山先生和其工作人员正在紧张地工作。石山先生首先发话“看到你我很高兴”，刚见面只是留下了不坏不好的印象。但是随着话题的深入，坚定了本人一定要和石山先生合作下去的决心。正是由于当初和石山先生的通力合作，才有了日后本人因方舟艺术美术馆而获得日本建筑学会奖，得到了意想不到的荣誉。当然在争取建筑学会奖的过程中，本人也曾经得到过木村先生的指点和帮助。

形态刺激知觉

尽管人们并不知道究竟是如何选定的美术馆开工地址，但是谁也不会想象到在这样一个地方建造方舟艺术美术馆（参见图 1、图 2）。从美术馆就可以俯视气仙沼港，美术馆位于山丘的斜坡之上；斜坡经过开挖平整之后，美术馆就建在平台之上，其中一半的建筑物由斜坡向大海方向突出。建筑物周边的斜坡地形经土方工程后加工成钵形，并在建筑物的周边及斜坡上修建了园林景观。石山修武先生秉承“形态刺激知觉”的设计理念，通过土方工程将周边的地形修整成钵碗形状，并设计出弯曲起伏的屋顶造型，展现能使物体发生形变的强大力量，凸显积蓄于建筑物内部的应变能，使整座建筑物充满了能不断刺激人们感官的印象。

展示馆的结构

展示馆给人以坚硬的金属铝块经过切削后的外观造型，从内部仰看展

［图1］建筑物的全貌（冬季/从西南方向看）

墙壁和屋顶覆盖着铝合金板，起伏弯曲的屋顶和墙壁构成了展示大厅。这座由铝板覆盖的美术馆就如同刚刚切削过的金属块一样。

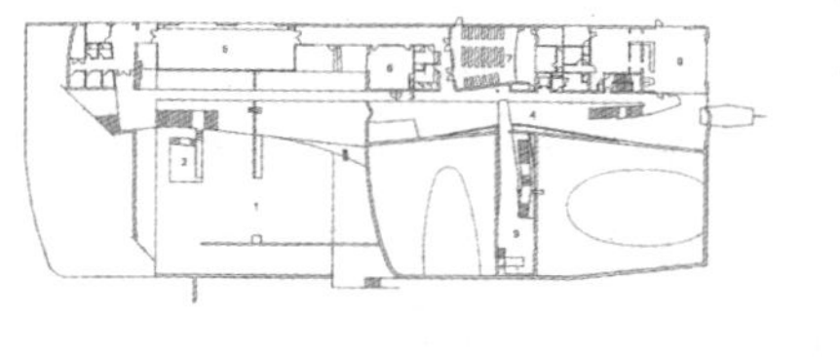

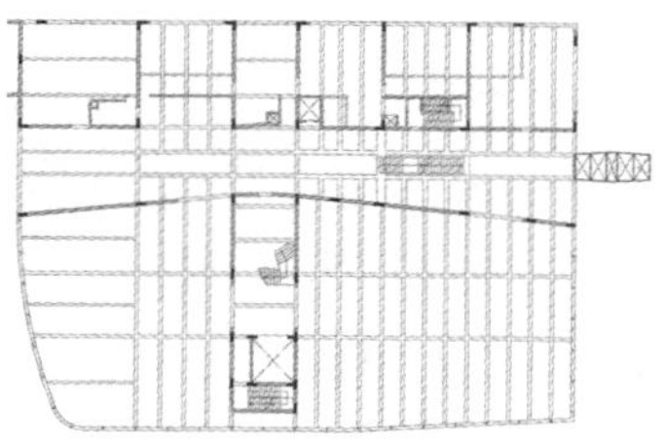

［图2］三层的平面图［左］

建筑物的北侧为作业室、学习室、食堂、图书馆、管理部门的房间，形成了如同红豆糕一样的3层建筑。

［图3］二层的俯视图（涂黑部分为壁柱结构）［右］

墙壁成为整体框架结构的骨骼，这种壁式结构从力学角度出发可以将其视为框架结构。

[图4] 展示馆的内部

由于使用的是FR钢材，因而从展示馆内部就可以直接看到表现以钢铁为主题的建筑结构。美术馆内外部的风貌，形成了十分有意思的鲜明对照。

[图5] 展示馆的屋顶架构

横梁为薄状的网格状梁架，宽度为600mm，厚度为12～36mm。格子梁上部安装有法兰盘（其规格为PL-12×160），其断面形状为T形。梁的上部受到压缩应力的作用，梁的下部受到拉伸应力的作用。网格屋顶的周边安装有合页铰链，控制着整个屋顶的结构状态。

示馆顶棚，则给人以在外力作用下造成顶棚凹陷的感觉（参见图4）。墙壁和顶棚采用了3m×3m的网格状钢架结构设计，以承载其自重和来自外部的压力。为了提高整体的抗震性能，纵横方向为加强钢架结构的设计，整体浇筑了混凝土。

方舟艺术美术馆的设计主题是钢铁。整个建筑均体现了钢架结构的特点，各种钢架结构的表面均涂有防火涂料。在这座表现钢铁主题的建筑物中，所使用的各种钢材均属于FR钢（即：Fire Resisting Steel，建筑结构专用耐火钢）。在当年的日本，只有日铁公司能开发生产这种特种钢材。

FR钢具有很高的耐火性能，在600℃的高温下依然能保持相当的强度（在高温屈服点时，仍能保持常温状态时强度的2/3）。由于在发生火灾时，FR钢仍能具有相当的强度，因而在一定程度上可以避免因火灾所引起的建筑物倒塌。从建筑物的内部可以看到网格状的FR钢材，构成了屋顶和墙壁为一体化的钢结构体系（参见图5）。

桥体结构

三层的东西跨度为 32m 长，采用了类似桥梁的结构。位于中间的支点，使楼层西部的跨度为 15m，东部的跨度为 17m。作为主题的重要表现题材钢铁，为什么在该建筑中要表现桥体的结构呢？

假如只用两根 H 型钢材作为桥面，宽度只有 60cm，仅相当于横梁跨度的 1/30，而其上面所能承载的层板宽度也不过为 80cm。如果以此 H 型钢材作为桥面的厚度，也不过为 1m 左右。这只能看成是普通的桥梁。

但是如果采用三合板式钢板作为桥梁的钢材就会是另外一种情况了。即以宽度为 1500mm、厚度为 32mm 的钢板作为基材，采用规格为 PL25 × 186 三合板式的夹层板结构，则层板厚度可以达到 250mm。倘若层板的上下面均为钢板，就可以建成较薄而质轻的钢制桥梁（参见图 6）。

H 型钢和钢板均属于工业产品，而钢板还可以看成是半成品。我们可以将钢板看成是用来生产西服的布料，只有经过手工的加工之后，才可以成为人们心目中的合格产品。当人通过手感触摸到经过加工后的钢板制品时，其形态在刺激人们知觉的同时，也使无机的工业制品充满了勃勃生机。

玻璃展望台的结构

展望台为 7m × 2.4m × 2.4m 的狭窄空间，给人以飘浮在空中般的错觉。其作为展示大厅的一个组成部分，成为人们体验非日常感觉的重要场所（参见图 7）。

[图6] 桥体结构
桥体由厚度为32mm、宽度为500mm的两根桥梁构成，桥体中央的下部有1根直径为200mm支撑圆柱。从一端看桥体，好似从混凝土结构建筑中伸出的悬臂梁，而形成桥面梁的厚度可以达到64mm。支撑圆柱略微有些倾斜，使桥体增添了一丝生气。

虽然在设计之初，石山先生为了体现顶棚和墙壁一体化的建筑风格，曾经设想采用安装强化玻璃的DPG体系，但是如果在地面全部安装玻璃板，实施起来有相当的难度。因此采用了PL–22×100网格结构的设计，使层面的厚度达到了100mm。尽管其可以起到补强整体强度的效果，但是不能保证不出现振动而影响居住的舒适性。作为防止振动的一个装置，在展望台的下部安装了直径为200mm的管状支撑柱。

这根支撑圆柱体现了该建筑独特的建筑风格。当人们看到这根支撑立柱因负荷而发生弯曲时，其弯曲的形态必定对人的知觉产生强烈刺激，也会从力学视角对这种超出常规的设计感到惊叹。

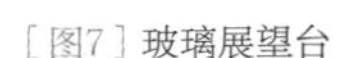

[图7] 玻璃展望台
支撑展望台的圆柱略微弯曲，其主要作用不仅是承载负荷，更重要的是发挥着控制振动的作用。

Project

06 墨田生涯学习中心

Yutoriya 1992~1994

设计资料（Design Data）

| 业主 | 东京都墨田区

| 设计 | 长谷川逸子 · 建筑规划工作室

| 用途 | 生涯学习设施

| 结构 | 钢筋混凝土结构 · 钢架钢筋混凝土结构（一部分为钢架结构）

| 规模 | 建筑面积 8447m²（地下 1 层、地上 5 层）

| 设计时间 |1991 年 4 月 ~ 1992 年 3 月，1994 年 9 月竣工

| 特征 | 多栋连接结构 · 空中廊桥 · 钢架混凝土穹顶

时代背景

在湘南台文化中心（由长谷川逸子设计）竣工 4 年之后的 1994 年，墨田生涯学习中心也竣工建成了（参见图 1）。20 世纪 80 年代曾流行这样一种观点，即“开发建设就是破坏自然环境，如何避免或减少因开发建设而使环境遭到破坏是每个建设者应尽的社会责任”。但是到了 20 世纪 90 年代，提出了开发建设与环境共生的理论，并开启了建造与环境共生、共存、不可分离的新的建筑时代。

墨田生涯学习中心的建筑工地位于东京都东向岛一带，周边是机械制品生产企业和木质结构住宅的密集区，如何实现学习中心的工程建筑和周边环境相互融合成为设计师思考的一个主要问题。

[图1] 建筑物的全貌
建筑物的前面横跨东武铁道，周边是木质结构住宅建筑的密集区。在建筑物的周边设置了多孔金属板围挡，有效地实现了建筑物和周边环境的相互融合。

用多孔金属板制成的马戏团帐篷

长谷川逸子以多孔金属板作为围挡将这座建筑物围在其中，由于其好似可以进行紧张而惊险马戏表演的帐篷，因此人们也戏称这座建筑物是“用多孔金属板围成的马戏团帐篷”。

为什么这样设计这座建筑群？设计师的回答是：“这块地块是不规则的形状，建筑群的三栋建筑相互独立，考虑到人群的流动轨迹，需要在三栋建筑中间设置广场，使其和周边的三条道路相连，方便人们的出行。”在周边喧闹的环境中，采用这样的多功能而复杂建筑布局设计，是尽可能地实现该建筑“和周边建筑形成相互融合的环境”的理念。

正如设计师所述，为了体现该建筑和周边环境共生的设计思想，所以在建筑物周边采用多孔金属板的围挡式设计。

建筑方案和结构方案

从功能上看三栋建筑相互独立，在三栋建筑之间设计有一个广场。三栋建筑的墙面根据建筑物的功能和位置分别采用了开放和封闭式的设计，以彰显建筑物的结构特征。

北侧建筑有两个立面、东侧建筑（参见图 2）有四个立面采用了开放式设计，而位于西侧的会堂建筑三个立面均采用封闭式的设计。由于为了体现各个建筑的立面开放性的特征，因此制约了其防震功能的设计，并且每栋建筑的抗震功能也不平衡。为了弥补这个缺陷，在各个建筑的二层至四层设计了 9 条廊桥将各个建筑相互连接在了一起，以提高整体的抗震功能。正是采用了将三个独立建筑物连接在一起的廊桥结构设计，使其成为一个整体的建筑群，并实现了抗震功能的相对平衡。

这种结构设计方案有效地实现了“三个建筑从功能上相互独立，而使用上又有机结合”的建筑设计思想（参见图 3）。

天文馆穹顶的结构

该工程的穹顶结构设计采用开发于湘南台文化中心工程建筑（参照第三章 04）并应用于长田电机中央研究所工程建筑的网格穹顶结构，并采

［图2］位于东侧建筑的结构面

东侧建筑为四面开放式的结构，以钢架钢筋混凝土的张力结构替代了抗震墙。张力支撑柱的直径为35mm，内部浇筑了流动性较好的混凝土，形成了钢架钢筋混凝土结构。

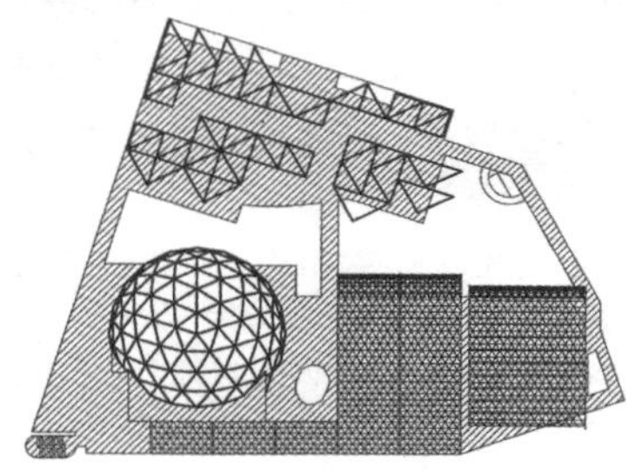

［图3］多功能要素说明图

该图主要说明了各建筑的平面分布和周边的环境布局，显示了各建筑物内部空间的主体结构特征和外部空间的辅助结构特点。

用钢质金属板以防水焊接的方式使其连接为一座整体。为了应对建筑物西侧铁道上来往机车产生的噪音，还使用了钢筋混凝土质的三角形板（参见图 4）。平面三角形板的边长约为 3m，厚度为 70mm；三角形三边的凹槽规格为 C–100 × 50 × 5 × 7。

网格穹顶目前采用的是钢质金属三角形板和钢筋混凝土质的三角板，在进行方案设计时也曾考虑采用木制三角形板、玻璃质三角形板等其他材质的三角形板。建筑设计师应具备建筑工程师的相关素质，在进行方案设计时就要统筹考虑未来施工和使用时可能会面临的种种工程问题。

遮阳围挡的结构

遮阳式围挡为偏椭圆形的自由曲面造型，将同样尺寸大小的平面三角形板如念珠一样连接在一起，通过连接在一起的三角形板表现为近似曲面的造型结构（参见图 5）。如何使平面的三角形板完成曲面造型，只需将各个三角形板在接缝处形成一定的角度就可以了。如果采用曲面板材则需按照规定的角度逐一进行连接，无疑将增加工程的造价。如果在接缝处使用规格统一的 U 型金属连接件将平面三角形板连接在一起，其成本并不是很高。这种 U 型金属件的厚度为 6mm，由于其规格相对统一，即使三角形板的连接角度出现微小的差别，也可以随着 U 型金属连接件的弹性变形进行相应的调整。

[图4] 采用预应力钢筋混凝土三角形板建造穹顶的场景

内侧为安装好的天文馆钢结构围挡。施工人员正在吊装预应力钢筋混凝土三角形板。

[图5] 遮阳围挡的外观

将同样规格的平面三角形板如念珠一样连接在一起，形成拱形的曲面造型。三角形板连接成类似晶格的结构，三角形板通过U型金属连接件相互连接起来。

三角板通过金属连接件连接在一起，形成拱形的围挡结构。其基础结构中为能承重荷载的管状支撑结构，在支撑结构上安装三角形板并使之固定。

外围围挡的结构

以多孔金属板作为建筑群的外围围挡，使其成为和周边居民相接触的界面。在人口稠密的城市中心地带，居民住宅鳞次栉比，需要采取各种方法以保护各私人住宅建筑之间的私密性。设计师可以采用设计院墙、植树来遮挡人们的视线，或采用不在建筑物的北墙开设任何的窗口，或在住宅设计中尽量避免使用透明玻璃等多种方法。

围挡一般安装在建筑物的外围或建筑物突出的部位。如果围挡固定于建筑物上而形成悬臂结构，势必因荷载而产生弯矩，这样就增加了建筑物墙体上的固定螺栓的负担。

如图6所示的建筑物外围围挡，容易引来鸟类在上栖息。建筑物墙体上安装的连接合页和围挡的内筋固定，可以使安装围挡变得简单而施工更加便利，同时也可以减少因围挡产生的弯矩而引起的应力负荷。

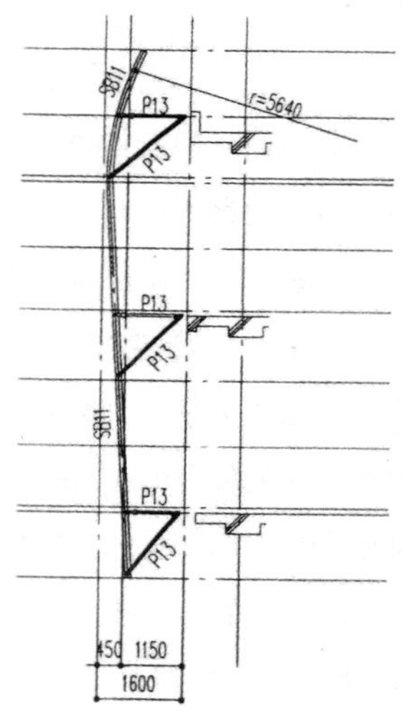

[图6] 外围围挡的结构图（和墙体的配合图）通过设置角撑将围挡和安装在墙体上的连接合页固定，由于围挡的自重会使其产生相应的弯矩作用。

Project

07 蓝色码头MM21

Blue Marina MM21 1994~1996

设计资料（Design Data）

| 业主 | 住宅・城市整备公团（现改为城市再生机构）

| 设计 | 中川巌・建筑综合研究所

| 用途 | 事务所

| 结构 | 钢结构

| 规模 | 建筑面积 4705m²（地下 1 层、地上 3 层）

| 设计时间 |1994 年 7 月 ~ 1995 年 1 月，1996 年 3 月竣工

| 特征 | 夹层折板结构・张力结构・链状桁架

时代背景

港区未来 21（即：MM21）所处地区原为三菱重工横滨造船厂的旧址，1983 年该厂迁移之后对该地块进行了再开发建设，使其成为城市再开发地区，打造成面积为 1.86km² 的水岸新城。

尽管早在 1965 年就有了对该地区进行再开发的构想，但是直至 1993 年才在该地区的核心地块启动再开发建设工程，由于经济不景气使得 2000 年才完成整个街区的改造建设工程的最初设想。2004 年连接横滨车站和元町中华街的地下高速铁路港区未来 21 线正式开通，标志着再开发建设工程依然在稳步推进。

蓝色码头 MM21 是由当时承揽港区未来 21 工程的住宅・城市整备公团

[图1] 蓝色码头MM21的全貌

管理机构为了控制该工程的造价，故规定将其建设成为使用期限为15年的临时性建筑。该建筑物的造型隐喻着生活在大海中的海洋生物。

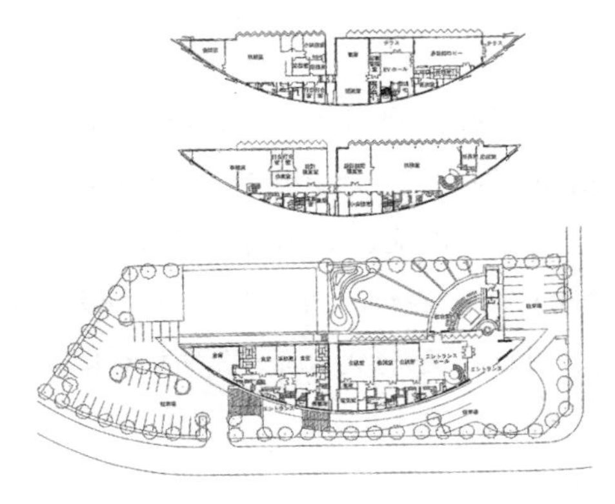

[图2] 各层的平面图

由于建筑物毗邻交通大动脉，因此噪声会对服务中心产生影响。除了核心区域之外，均为无立柱的开阔空间。

的总部和其所属的第三事业部联合开发建设的写字楼项目，属于再开发地区的核心工程。由于公共基础建设一直在建设中，所以原来的规划只作为使用期为 15 年的临时设施项目。2007 年开业的博物馆购物中心(即：横滨面包超人儿童博物馆) 就是经过再改造工程而重新建设成的。

城市中洋溢着大海的气息

建筑师中川巌先生在构思该建筑物的色彩和造型时，曾设想要将“这个建筑表现出生活在大海中的生物所特有的曲线和质感，色彩应该为生活在海中鱼类的色彩组合”(参见《新建筑》1997.09)。由于该建筑的背后（即：西侧）毗邻轻轨首都高横羽线，因此在西侧设置设施以隔断噪声的影响，东侧则开辟为面向横滨港的工作空间 (参见图 1、图 2)。

屋顶的结构

由于该建筑月牙形的屋顶造型设计使其如同起伏的波浪一般飘浮在空中，因而采用单方向能自由弯曲的夹层折板构造能实现波浪形屋顶的结构设计。

该工程的施工难点就是如何完成如纸一样薄且波形的屋顶构造，而夹层折板恰好能解决上述的施工难题。在 MM21 工程现场，利用每块长 10m、宽 3m 的夹层折板完成了总长度 100m、最大宽度 20m 的屋顶的一体化制作 (参见图 3)。

骨架的结构

建筑物采用了整体均为张力支撑的结构，和普通的框架结构相比，其

［图3］用夹层折板加工时的屋顶施工现场

在工地上搭建临时工作台，现场先用夹层折板焊接成木制盒状，再将其制成一体化的屋顶。为了便于将整体化的屋顶结构固定住，在屋顶下方的支撑框架结构中留有用于固定的螺口。

属于一种抗震结构。框架结构可以通过一根根立柱分散地震或狂风所产生的对建筑的水平方向的剪切作用。和采用立柱、横梁的框架结构相比，由于张力支撑结构只是在水平方向传递轴向应力，立柱即不会产生剪切作用，也不会出现弯曲作用，因此在进行立柱设计时，应考虑轴向作用对其产生的屈服作用。

基于上述因素，MM21 工程采用了直径仅为 216mm 的立柱结构，而且立柱之间也没有采用间壁墙的结构设计（参见图 4 ~图 6）。

［图4］采用夹层折板建造屋顶的下部空间
由于使用夹层折板可以完成跨度10m的建筑物，也可以保持双方向的强度，因此其下方的支撑立柱可以随机设置而不必过分追求规律性。在横梁架构之上完成夹层折板的施工，可以实现独特的建筑空间。

［图5］张力支撑结构和链状桁架
采用张力支撑结构其总体构造略显奢华，纤细的立柱顶部和承载负荷的横梁节点之间设计有连接铰链。

［图6］贯通桁架梁的设备管道
通过链状桁架的照片可以看到贯通其中的设备管道。普通的网架结构采用H型钢材，而采用链状桁架结构可以减少三成左右的钢材用量。

Project

08 滋贺县县立大学体育馆

Gymnasium of The University of Siga Prefecture

1993~1996

设计资料（Design Data）

| 业主 | 滋贺县

| 设计 | 长谷川逸子・建筑规划工作室

| 用途 | 体育馆

| 结构 | 钢架结构

| 规模 | 建筑面积 3917m²（地上 2 层）

| 设计时间 |1993 年 9 月 ~ 1994 年 3 月，1995 年 3 月竣工，1996 年 4 月外部结构竣工

| 特征 | 斜撑结构・悬挂桁架・链状横梁

时代背景

滋贺县县立大学为一所于 1995 年开始大学教育的新型大学，设有环境科学、人间文化学、工学等三个学部。为了解决地球环境时代所面临的日益突出的环境问题，这所大学以此为发展目标建立了新型的教育研究体系。该大学的校园总体建设方案由建筑师内井昭藏先生主持设计，而各学部的建筑设施则邀请不同的建筑师进行设计，其中体育馆和工学部的建筑由长谷川逸子负责设计工作。在开阔的校园内建设多样化的空间建筑，实现了各个设施建筑风格的相对独立和整体校园环境的协调统一。

[图1] 体育馆的正面
透过体育馆的玻璃立面可以看到远处的群山。建筑师所强调的体育馆前后立面采用玻璃立面设计方案，就是凸显玻璃立面的透明性。结构设计师需要设计纤细的支撑体系以实现建筑师的设计思想。

[图2] 体育馆的侧面
体育馆的侧面采用了类似水珠外形的流线设计。这样的外形设计既可以防止体育馆不受夏日西晒阳光的照射，又可以避免冬日里来自琵琶湖面的狂风侵扰。体育馆的西侧为网球场，观众们可以直接坐在草坪斜坡上观看比赛。在夕阳的映照下，体育馆就如同在山坡上正在着陆的宇宙飞船一样。

躲避狂风的避难所

这座体院馆采用了类似风帆的外观造型。从正面看体育馆好似透明的水珠，从其他方向看体育馆又好似欲从大地飞出的形状（参见图 1、图 2）。屋顶的结构给人以简洁而轻快的感觉，而支撑屋顶的立柱和斜撑呈树木形状。当人们透过玻璃立面看到这种树木状的支撑屋顶结构，就仿佛看到了连片的树林，并和远处的群山叠映成别致的景色。

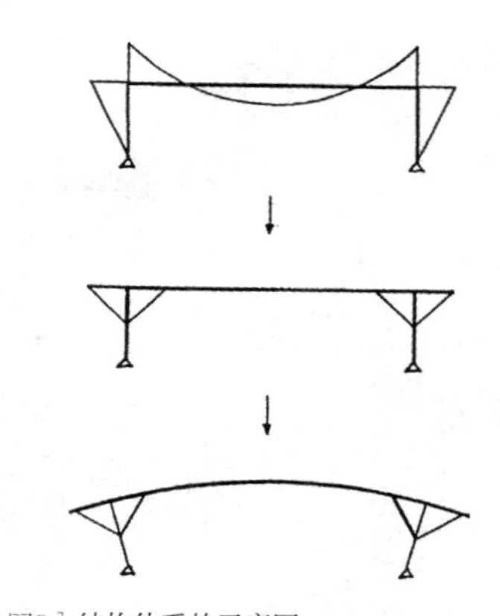

［图3］结构体系的示意图
如图所示，为了避免框架结构在受到垂直荷载的作用时出现弯曲，因此采用斜撑材料以增强整体的结构强度。即在立柱的外侧增加斜撑，以控制立柱顶部可能出现的变形。

基于“被薄膜包裹的空间”的设计理念，体育馆采用框架结构支撑屋顶和玻璃立面，采用较细的线材完成框架支撑结构，以分解建筑结构所产生的轴向应力的压缩和拉伸作用（参见图 3 ~图 6）。

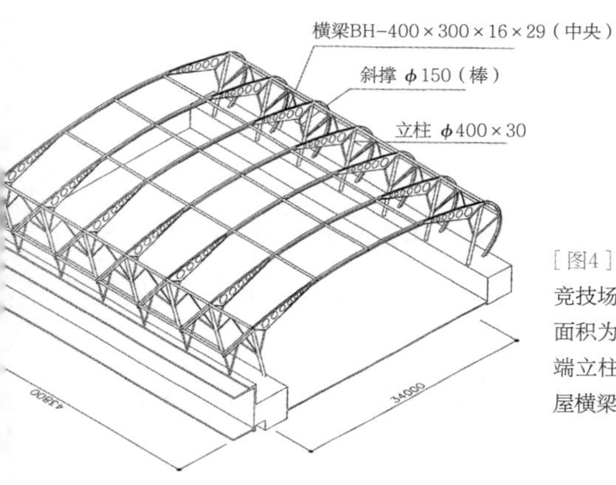

［图4］竞技场的结构体系
竞技场的屋顶为类似树枝状的结构，屋顶的面积为34m×43m。支撑屋顶跨度方向的两端立柱各有2个附带铰链的斜撑，而支撑房屋横梁的立柱则各有3个附带铰链的斜撑。

［图5］竞技场钢结构的施工现场

如图所示，可以看到向外倾斜的支撑柱（即：ϕ400mm、厚度为30mm的钢管）附带有4根斜撑（即ϕ150棒）。

［图6］斜撑结构的细部特征

如图所示，支撑柱的顶部节点处连接有3根斜撑。由于支撑柱的内部填充了混凝土，因此支撑柱具有很高的刚性。

玻璃立面的框架结构

体育馆的前后立面为玻璃立面结构，透过体育馆立面的玻璃可以看到远处起伏的山峦，采用这样的玻璃立面的结构设计方式，其主要目的就是彰显玻璃立面的透明效果。

整个玻璃立面的框架既受到来自迎风面的正压作用，也受到来自背风面的负压作用。在正压的作用下，玻璃框架受到由外向内的推动作用；在负压的作用下，玻璃框架受到由内向外的拉伸作用。如果将正压的数值记为 1 的话，则负压的数值就相当于 0.4。在进行结构设计时，要以正压的数值作为设计的依据。玻璃立面的窗框的尺寸一般为 2m，框架的最大高度为 14m，采用规格为 H–150 × 150 × 6 的钢材制作。由于采用了圆钢制作悬挂桁架结构，因而使得玻璃立面的透明效果受到了一定的影响（参见图 7）。

柔剑道场的屋顶结构

体育馆附属的柔剑道场的屋顶采用了链状横梁的支撑体系，各种细柱的支撑结构增强了屋顶的强度，其如同“被薄膜包裹的空间”一样（参见图 8）。

屋顶层板的跨度为 12m，层板为 20cm 厚的钢筋混凝土平板结构。通常跨度为 12m 的屋顶结构，配置间隔为 5m 的 70cm 宽的小型横梁，就能实现屋顶顶棚为连续的平面空间。屋顶层板的上弦材为 H–100 × 100 的钢材，层板的下部设置的下弦材为间隔为 3m 的 ϕ40mm 的钢材。采用这样一种结构设计可以使剪切作用转变为拉伸作用，因而有效地避免常见的屋顶层板所出现的弯曲变形，实现了薄型的平面屋顶层板的“面之结构”。

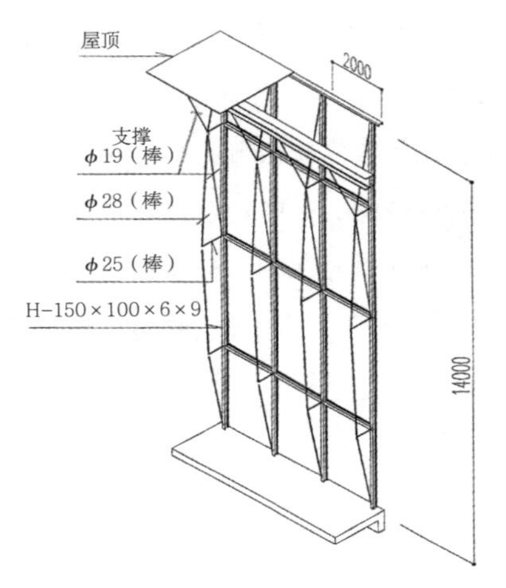

［图7］玻璃框架的结构体系

为了应对玻璃立面强大的正压压力，采用ϕ25mm的圆钢做成支撑构造体系，以避免可能出现的弯曲变形并承载拉伸应力的作用；为了应对负压的影响，如图所示设置相应的支撑结构以承载拉伸应力的作用，以避免框架的中央可能会出现的变形。

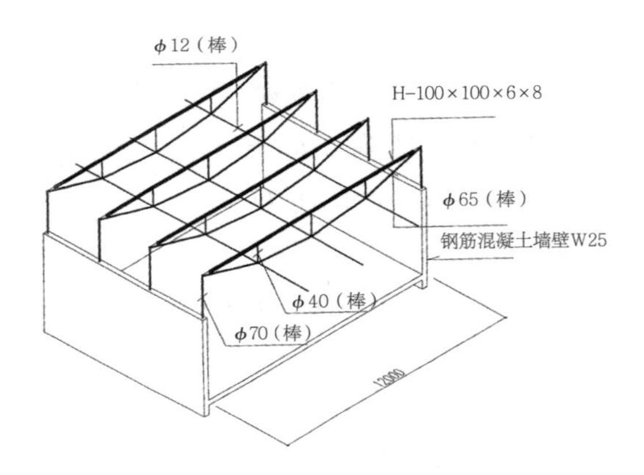

［图8］柔剑道场的屋顶结构体系

以链状横梁作为上弦材料，并以此制成厚度为20cm的平面层板。由于平面层板没有桁梁，在顶部侧光的映衬下屋顶层板就如同飘浮在空中的“面之结构”。

Project

09 鸟取县县立花园

Tottori Prefectural Flower Park 1993~1998

设计资料（Design Data）

| 业主 | 鸟取县

| 设计 | 埃克特库特·法布

| 用途 | 温室·展示设施

| 结构 | 钢结构（一部分为钢筋混凝土结构）

| 规模 | 建筑面积 13289m²【平房建筑(部分建筑附 1 层地下室)、地上 4 层】

| 设计时间 |1993 年 8 月 ~ 1996 年 9 月，1998 年 11 月竣工

| 特征 | 单层穹顶结构·偏心桁架结构·双重螺旋构造

时代背景

20 世纪后期，随着人们经济活动的日益加剧，引发了诸如公害问题、环境遭到破坏、使用煤炭燃料等超越国境的全球性的环境问题。这些络绎不绝的环境公害严重地威胁着人类的生存环境，促使人们对自身的生存环境持有强烈的危机感。

在这样一种时代背景下，为了改善国民的生态环境和提高身体健康水平，日本各地掀起了建设绿地花园的热潮。但是随着日本经济发展进入停滞期，这种建设热潮也急速地冷却。

[图1] 花园模型全貌（左侧的方向为北）

以花园穹顶（花蛋）为中心、以320m为直径，四周围绕着圆形观光环廊。在环廊的东、西、南、北的位置上，建有相应不同的设施；花园的东馆为展示设施，西馆为大门建筑，南馆为具有温室功能的“鸟馆”，北馆为和花园穹顶内的剧场相通的直线连廊。大门建筑的北侧建有商店、餐馆等附属建筑。

[图2] 花园穹顶和直线长廊

花园和地轴的南北方向成30° 夹角。从西馆来的游客游览花园的最佳线路应该是：先步入到花园穹顶再进入到直线长廊，然后沿着圆形观光环廊观赏园内的植物，并依次进入各展示设施尽情地参观游览。

[图3] 花园穹顶的内部

从外面看花园穹顶就如同一颗硕大的珍珠，而穹顶内部茂密地种植着各种热带植物，热带植物上面罩着巨大而透明的蜘蛛巢状的钢质网格结构。

人和自然界之间的“对话”

花园是人和自然界相接触的载体，是人和自然界进行“对话”交流的重要场所。建筑师埃克特库特·法布先生认为不能将建筑物和庭院两者截然分开，而应将建筑作为环境的一部分进行整体规划。埃克特库特·法布提出“建筑不纯粹是指建筑物本身，庭院建设也属于建筑的范畴。无论是建筑物的内部空间还是外部布局，均属于营造生活环境的重要要素”（引自“新建筑”1999/06）。鸟取县县立花园称得上是日本可数的几个有规模设施的花园，其占地面积达到了 821000m²，该公园巧妙地借用地势地貌所营造的变化丰富的各种景观使人难以忘怀（参见图 1）。

凡是访问花园的游人沿着直径 320m 的圆形观光环廊，其视线从任何角度都可以观赏到花园中由种植的四季花卉所构成的自然景色。

花园穹顶的结构

花园穹顶属于单层网格的穹顶结构体系，其直径为 50m。由细柱支撑的网格（斜纹晶格体）单层穹顶承载着其负荷所产生的压缩、拉伸、剪切等应力作用，形成了网格穹顶结构体系。

由于该花园工程地处北纬 30°，即和通过地球轴心的赤道面呈 30° 夹角，因而该半球穹顶选用直径仅为 60mm 的圆钢作为网格结构的经线、纬线、斜线等基本材料。由于花园穹顶和地轴构成 30° 角，所以在夏至时节，穹顶的赤道运行轨迹将和太阳运行轨迹保持一致，给予单调的穹顶建筑增添了有趣的要素（参见图 2、图 3）。

穹顶壳体结构主要受到压缩应力的作用。如果和地轴之间的倾角为零度，则穹顶壳体的纬线主要受到垂直于地面的压缩应力的作用，此时纬线基材就成为穹顶壳体的主要结构材料。由于该花园穹顶和地轴成 30°角，所以露出地面的穹顶结构以纬线基材作为主要结构材料，而埋在土中的球体结构则以经线基材作为主要结构材料。能承载压缩应力的主要结构材料需要进行弯曲加工，然后在施工工地采用套接的方式将各种基材连接在一起（参见图 4）。

形成交叉的主要结构材料为承载拉伸作用的直线基材和承受剪切作用的斜线基材，安装的直线基材和斜线基材在节点处以销钉固定连接，再用焊接方式将结构固定，从而提高了整个穹顶的结构强度。

圆形观光环廊的结构

由于县立花园地处山丘之巅，其周边起伏变幻的美丽山林景色和日本农村所特有的原生态景观均可尽收眼底。圆形的观光环廊架设在起伏变化的地形上，成为观赏自然景观和四季植物的散步环廊（参见图 5、图 6）。

带有屋顶的圆形环廊位于直径为 320m、圆周为 1km 的圆周上，环廊的宽度为 3m，两侧为半透空的玻璃围挡并设有扶手。每隔 25m 就设有一个桥墩，环廊就坐落在各个桥墩之上，而环廊本身也是立体的管状结构。为了承载来自水平方向上的屋顶和地面的剪切应力作用，设置了各种水平支撑。由于环廊两侧采用了近乎开放式的空间设计，以减少人们在眺望周边环境时可能会出现的障碍，因而环廊采用了偏心的桁架支撑结构。

［图4］施工过程中的花园穹顶和直线长廊
如图所示，可以看到穹顶、长廊施工中所使用的线材、斜材、交叉材等各类建筑钢材。直线长廊是以线材加工成环形材料，和斜材构成了双重螺旋的结构，然后在现场进行焊接将环形结构固定。

［图5］圆形的观光环廊
环廊的截面呈倒梯形，顶棚的宽度为4.05m，通道的宽度为3.45m。每隔25m就有一个支撑环廊的预应力结构桥墩。环廊为偏心的桁架结构，上下弦材为H-350×350规格的钢材，斜材为ϕ170mm的棒材，形成了刚性较高的管状构造。

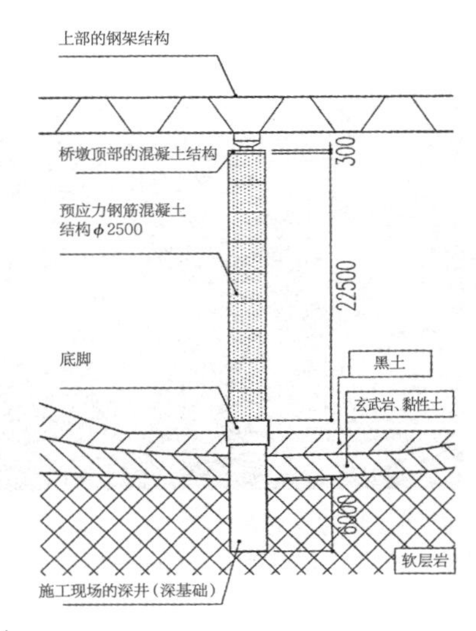

［图6］圆形观光环廊的框架图
环廊的桥墩基座为预应力的结构。如图所示的桥墩为高度最高的桥墩，其9节叠加的高度达到了22.5m。由于桥墩的基础处于软岩层地基，所以桥墩采用深入地下6m的深基础施工，并在地基中采用锚固的悬臂结构加以固定。

直线长廊的结构

直线长廊和花园的中心设施花园穹顶（花蛋）及圆形观光环廊相连，是长为 133m 的倾斜通道。该通道为管状结构，每隔 25m 就设有预应力混凝土结构的支撑桥墩。每 25m 跨度又同时被九边形的管状椭圆圆箍 12 等分，构成了近似旋转型的椭圆管状通道结构（参见图 7）。

椭圆形管状通道的顶部采用斜线基材连接，构成了双重螺旋状的管状结构。此类结构近似于纤维植物的结构，可以采用较细的材料作为基材构成管状结构，同时可以承载较大的负荷。主要的结构材料可以为 ϕ60 ~ 70 的钢材，可以采用和花园穹顶结构相同的连接方式。

[图7] 直线长廊的外观
直线长廊为宽5.35m、高4.28m的椭圆形管状通道结构，每隔2.083m就设置有九边形的钢箍。

Project
10 VR技术中心
VR Techno Center 1993~1998

设计资料（Design Data）

| 业主 | 岐阜县

| 设计 | 理查德·罗杰斯和其日本合伙人

| 用途 | 研究设施·集会设施

| 结构 | 预应力混凝土结构（一部分为钢筋混凝土结构）

| 规模 | 建筑面积 11462m²（地上 5 层）

| 设计时间 |1993 年 7 月 ~ 1996 年 5 月，1998 年 7 月竣工

| 特征 | 预应力混凝土结构·混合型预应力混凝土结构·套接结构

时代背景

在日本的英国大使馆曾经主办过理查德·罗杰斯先生的演讲会。在这次演讲会上，理查德·罗杰斯向来宾展示了一张从人造卫星上拍摄的地球夜景的照片，他认为“在如何保护环境逐渐成为时代的热门话题时，建筑师必须认真面对日益严重的环境问题”，表达了作为一个著名建筑师的鲜明立场。这次演讲会他给作者本人留下了很深的作为高技派建筑代言人的印象。理查德·罗杰斯在设计 VR 技术中心（即：虚拟现实中心）的建筑工程时，践行了其尊重自然环境的诺言。

尊重自然

“VR（即：Techno Japan）”为日本虚拟现实中心，而理查德·罗杰斯所设计的VR技术中心是岐阜县和该中心第三部门共同开发建设的科技园，主要目的是收集相关企业的信息并进行分析处理。

虽然大多数的开发建设工程不可避免地破坏原来的地形地貌，但是理查德·罗杰斯所设计的该科技园以保护自然环境为设计的主题，最大限度地维持原有的地势地貌，体现了其尊重自然环境的设计思想。

罗杰斯事务所进行了工程的总体规划，科技园的中心设施仍依托原先的建筑，作者本人承担了由县政府负责运营管理的科学技术振兴中心和由第三部门运营管理的VR技术中心的设计监理工作。

北侧的建筑依照山脊的地形设计成V字形造型，而南侧的建筑借用平均梯度为18度的斜坡地势，设计成三层梯田状的建筑造型。

北侧的建筑设有报告厅、图书馆、实验室、研究室等不同目的的公共使用空间；南侧的建筑以创投业务企业、软件开发企业等为服务对象，设置了面积不等的服务式工作室。

VR技术中心的预应力建筑的特征

VR技术中心其北侧和南侧的预应力结构建筑结合周边的地貌进行了一体化的规划设计，使其和周边的环境成为一个有机而和谐的整体（参见图1）。普通的预应力结构建筑由于其预应力构件需要在相关的工厂进行统一化生产，因而容易造成因采用相同预应力构件而使建筑物的形态单一。但是VR技术中心的建筑则为我们展示了预应力结构建筑的新颖

［图1］北侧建筑的南面
在阳光的映照下百叶窗和预应力混凝土的墙体结构形成了有韵律感的曲线造型。

造型，这也是作为预应力建筑的 VR 技术中心的最突出的建筑特征。其北侧建筑巧妙地借用周边复杂的地形，充分发挥预应力构件的特点，屋顶采用钢结构和预应力相混合的建筑构造，形成了用预应力构件建造的钢架结构屋顶。

南侧的建筑借用坡度较缓的地势，形成梯田状的平台造型，其屋顶平台就如同展开的扇面一样，形成了三种单一的 T 型平台造型（参见图 2）。

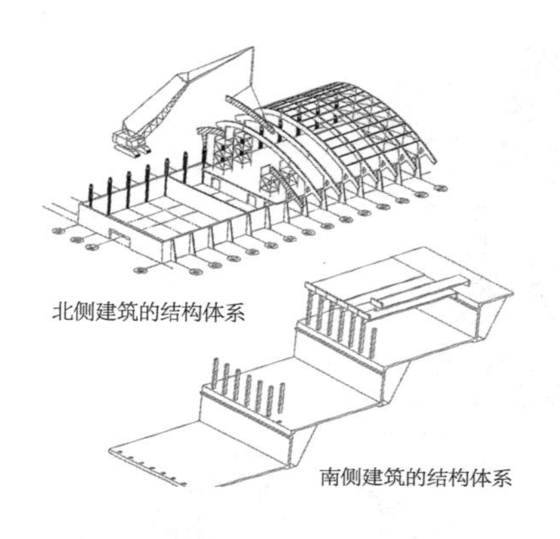

[图2] 南北侧建筑的施工方法
北侧的建筑采用后张法制作预应力混凝土的横梁；南侧的建筑采用跨度为11.7m的单层层板覆盖，支撑柱为T形预应力混凝土结构的支撑立柱。

北侧建筑的结构特点

北侧的建筑采用拱顶的屋顶造型，和周边的景观形成了有机地融合。北侧建筑所使用的预应力构件和钢架梁通过连接板用强力螺栓连接固定在一起。

两种结构构件形成了混合型的结构，薄型的预应力构件和钢结构共同承载着来自不同方向上的弯曲作用。混合式钢结构的屋顶可以使屋顶变得更为轻巧，仅相当于全部为预应力结构屋顶重量的60%，构件的横截面积也缩小了40%（参见图3、图4）。屋顶结构的跨度为20.25m，拱形的断面规格为250mm×800mm，混凝土的强度值为63N/mm^2。

南侧建筑的结构特点

南侧建筑为3层梯田状建筑形态，下层建筑的屋顶可以被上一层建筑用作平台。三层建筑物的屋顶全部进行了绿化，构成了和周边地貌融为

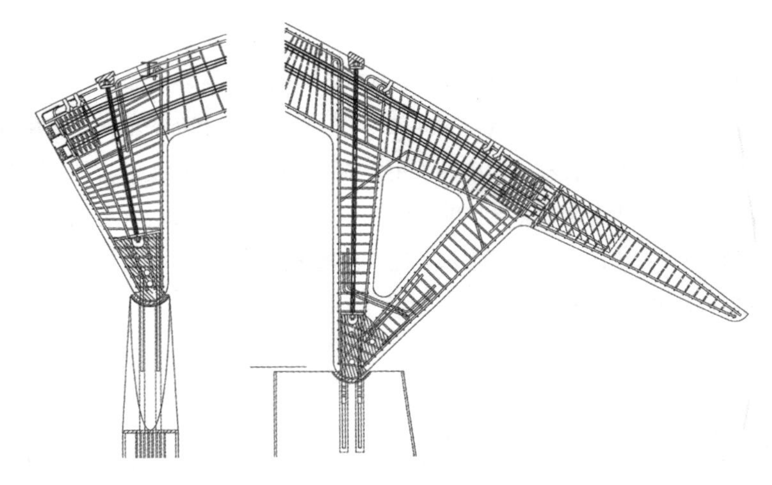

[图3] 北侧建筑的预应力结构详细图

左右立柱的柱脚均设有铰链，其下埋设的预应力构件用锚栓套接，并浇筑混凝土固定，构件中异形钢筋的直径为25mm。

[图4] 北侧建筑正在采用混合型预应力混凝土技术施工

屋顶层板为预应力混凝土和钢架结构的混合结构。依照量才使用的原则，采用混合型结构可以弥补预应力混凝土结构在式样单一、价格、重量等方面存在的缺陷。

[图5] 南侧建筑的屋顶花园

南侧建筑群的下层建筑物的屋顶为上一层建筑的平台花园，实现了设计师建设与自然和环境相互融合的生态建筑的理念。

一体的生态型建筑（参见图 5）。其每层的建筑又形成 S 型形状，展现给人们形态多样的预应力结构的建筑造型。

仔细观察南侧建筑，可以看到屋顶平台的北端建有防护墙，以避免可能会出现的水平位移；而南端采用较细的预应力结构的支撑立柱，使其具有较低的水平刚性（参见图 6）。为了提高其抗震功能，在完成预应力结构设计方案的基础上，现场再浇筑混凝土防护墙，以提高建筑物整体的强度和刚性（参见图 7）。

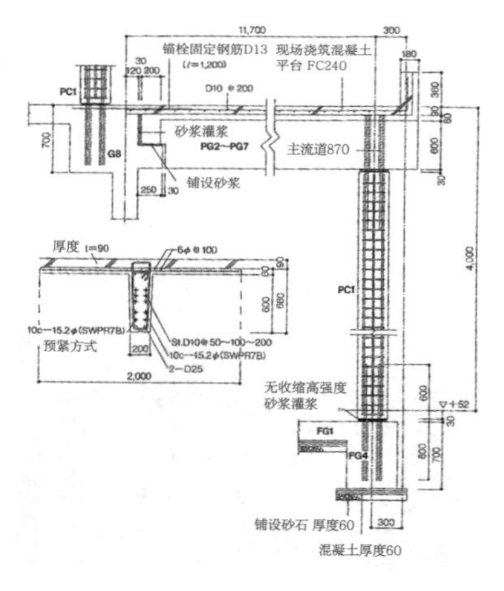

[图6] 南侧建筑的预应力结构详细图
在T型层板建成之后，再浇筑90mm的混凝土使其和建筑成为一个整体。

[图7] 南侧建筑正在采用预应力混凝土技术施工
预应力混凝土立柱采用套接的方式用锚栓固定钢梁，再浇筑混凝土固定整体的结构。

Project 11 天野制药·岐阜研究所

Gifu Institute of Amano Pharmaceutical Co., Ltd.

1997~1999

设计资料（Design Data）

| 业主 | 天野制药

| 设计 | 黑川纪章建筑城市设计事务所、理查德·罗杰斯和其日本合伙人

| 用途 | 制药研究所

| 结构 | 钢结构

| 规模 | 建筑面积 6731m²（地下 1 层、地上 2 层）

| 设计时间 |1997 年 6 月 ~ 1998 年 8 月，1999 年 11 月竣工

| 特征 | 夹层折板·链状拱形·龙骨梁

时代背景

从相互毗邻的 VR 技术中心和天野·制药岐阜研究所两个体现高技派风格的建筑中可以看到，原来主导的高技派能源消耗型的建筑已逐渐转为当代高技派环境适应型的建筑。如果从建筑材料的视角将两个建筑进行比较，尽管前者属于预应力混凝土结构的建筑，后者属于钢结构的建筑，但是这两个不同结构的建筑都体现了与环境共生的现代生态建筑的设计理念。从结构的表现手法上看，这两个建筑均属于高技派风格的建筑，但是他们均不属于原先的能源消耗型的高技派建筑，而是接近现代的节能型高技派风格的建筑。两个建筑均遵循与自然环境共生的设计理念，也为作者本人在后来的工程建筑中进行结构设计

［图1］全景模型照片

16个建筑单元形成S形造型，和西侧的VR技术中心的建筑构成了相互协调的景观环境。位于中央的玻璃屋顶即为建筑物的大门，17组相同的拱形建筑构件形成了链状拱形结构。

［图2］工程现场

深入施工现场的罗杰斯先生和黑川先生。

带来了崭新的设计思想。

黑川纪章和理查德·罗杰斯的合作设计

在进行方案设计时，天野制药·岐阜研究所就建在VR技术中心的旁边。根据重视景观设计的黑川纪章先生的极力推荐，作为VR技术中心的建筑设计师理查德·罗杰斯先生也参加天野制药研究所工程的建筑设计，以实现两个工程的建筑风格相互协调。在这样的背景之下，由日本和英国两位著名的世界级建筑大师携手共同设计的建筑作品由此诞生了（参见图1）。

本人荣幸地受邀作为两个建筑工程的结构设计师参与工程的设计工作，能够和当代建筑界著名的超级巨星一同共事、和大师们一起研讨工程究竟采用何种结构体系（参见图2）、在经过头脑风暴之后瞬间所产生

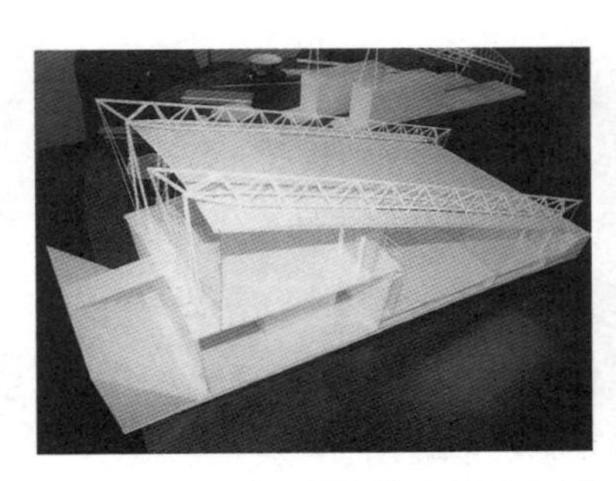

[图3] 两种不同的结构体系模型（左为罗杰斯方案的结构模型，右为黑川方案的结构模型）
面对两位大师的设计方案，究竟采用什么样的结构体系？看见难以拍板决定的项目负责人，罗杰斯微笑地手指右边的模型，建议项目负责人采纳黑川方案的结构设计。而黑川先生也露出了会心的笑容，紧张的氛围顿时烟消云散。实际在决定采用哪种结构设计方案之前，我曾被邀请到罗杰斯东京事务所做客，罗杰斯先生当面向我详细描述了两种结构设计方案的优点和存在的问题。

［图4］大门

所有到访此处的客人都可以看到类似山丘形状的屋顶下方的通道，建筑物和周围地带及自然环境浑然成为一体。屋顶吊装的拱形构造，两侧为玻璃立面。涂装成红色的钢梁，更彰显材料质朴的本色。

［图5］夹层折板的施工

起重机正在吊装在工厂预制加工的夹层折板，并在现场安装龙骨梁。

的闪耀着激情的设计灵感、共同决定和建筑设计相关的重大事项，那种紧张而激动的场面至今仍记忆犹新（参见图 3）。

天野制药研究所的建筑结构

天野制药研究所建在具有斜度的山坡上，其屋顶和斜坡的地形相平行。尽管屋顶平行于斜坡的地势，但是其屋顶的顶棚是平行于水平面。屋顶表现为链状拱形结构，和其顶棚的形状并不一样（参见图4）。

如此复杂的屋顶结构是由三种基本的结构体系所构成。第一，是采用了平坦的层板结构体系；第二，是采用了龙骨支撑的层板结构体系（即：链状拱形结构体系）；第三，是采用了支柱的结构体系（即：立柱支撑龙骨结构体系）。

第一种平坦层板结构体系，是采用了夹层折板结构的剪切作用体系（参见图 5）。第二种龙骨结构体系，是采用压缩应力作用于链状拱形结构，侧向推力转变成产生变形的拉伸应力，并作用于链状拱形结构的下弦材。第三种结构体系的重要要素是支撑立柱，也属于在重力的作用下的压缩作用体系。在地震和狂风的作用下，压缩作用体系也会转变为拉伸作用体系。

拱形结构的长度为28m，中央的跨度为1.8m，每侧由14根相同构件吊装而成。下弦材和拱形构件构成间隔为1.5m透镜造型，顶棚的顶光透过透镜结构照射到室内，使实验室内部充满了明亮的自然光线（参见图6）。

结构与安定

这座建筑由3种基本的结构体系构成了相互支撑的一个完整的建筑结构（参见图7）。

例如，支撑立柱和龙骨梁的两端有铰链相连，立柱和立柱通过梁连接在一起。龙骨的两侧安装的层板形成平衡而对称的结构，和屋顶的玻璃侧面共同对抗龙骨梁的弯曲作用。在每隔3.6m的距离就有连接下弦材和地面的不锈钢缆绳，其直径达到了19mm，从而进一步平衡了龙骨梁的荷重，巩固了整体的结构。

龙骨梁和左右层板的端部固定，形成连续的平坦层板。由于龙骨梁的负载其左右会产生偏差，因而可能会对层板产生弯曲作用。

实现在承载状态下整体结构的稳定性是十分重要的事情。屋顶龙骨梁结构的上弦材可能会使屋顶顶棚产生S形的弯曲变形，因而采用直径为40mm的八字形吊材吊装屋顶层板，以避免可能会产生的变形。

当全部构件吊装完成之后，最终支撑屋顶结构的立柱将受到来自负荷的压缩应力作用。在工程竣工之前，如何完成工程构件的吊装、确定各种载荷的作用、正确完成工程的结构设计，对于结构设计师而言绝非是一件轻松的事情。

［图6］内部

可以看到龙骨梁和屋顶层板的结构，可以看到平坦的屋顶顶棚。

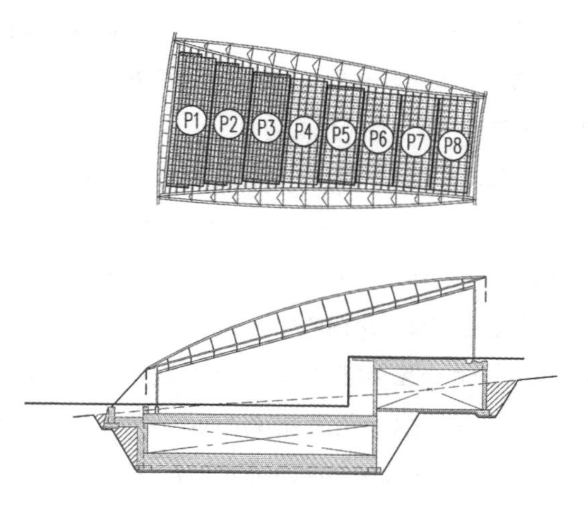

［图7］结构构件

屋顶由15个结构构件组成，每8个不同的结构构件在工厂固定成一个夹层折板结构。

Project 12 札幌MOERE沼公园的玻璃金字塔

Grass Pyramid of Moerenuma Park in Sapporo

1988~2003

设计资料（Design Data）

| 业主 | 札幌市

| 设计 | 埃克特库特 · 法布

| 用途 | 画廊 · 餐厅 · 公园管理事务所

| 结构 | 钢结构（一部分为钢筋混凝土结构）

| 规模 | 建筑面积 5322m²（地上 4 层、塔屋 1 层）

| 设计时间 |1988 年 3 月 ~ 2000 年 12 月，2003 年 3 月竣工

| 特征 | 杆 · 拉杆 · 链状网格

时代背景

1988 年 12 月世界著名的雕刻家野口勇在完成 MOERE 沼公园的基本设计草案之后，不幸地离开人世，享年 83 岁。

当时的 MOERE 沼是整个札幌市的垃圾处理地，不能燃烧的垃圾及能燃烧的垃圾都堆积在此处，长期积累的垃圾形成了有 270 万吨垃圾的庞大垃圾山。为了改变 MOERE 沼的面貌，野口先生采用雕刻大地的手法，完成了将 MOERE 沼改造成 MOERE 沼公园的设计草案，而最终的设计方案是由埃克特库特 · 法布完成的。野口先生将 MOERE 沼公园的核心设计成了玻璃式的金字塔，这也成为了公园的标志性建筑（参见图 1）。

［图1］玻璃金字塔的全貌
可以看到正在建造施工中的玻璃金字塔，其高度为31m，底边最长为51.2m。

玻璃金字塔的构思和建筑结构

尽管由玻璃构成的天井空间有限，但是玻璃包裹的透明感使得天井空间显得比实际效果要大。玻璃金字塔属于大型的建筑构造，设计师要充分考虑到狂风和地震等外部因素对玻璃面产生的巨大作用，要尽可能地使玻璃金字塔各个侧面的结构基本相同，从而使各种作用力能均匀地分散开来。1989 年由著名建筑大师贝聿铭先生设计的卢佛尔美术馆的玻璃金字塔就是成功的范例。

但是野口先生所设计的玻璃金字塔并没有采用使作用力分散的设计方法。

每 4 块玻璃板的支撑构造成为基本的结构单元，每个基本的结构单元均有支撑其构造的副梁，而支撑副梁构造的是主梁。主梁是指架设在基础上的金字塔主体棱架，整个金字塔的负荷通过副梁传递到主梁（参见图 2 ~ 图 4）。MOERE 公园的金字塔建筑尺寸要比卢佛尔宫的金字塔小一号，野口先生所设计的该玻璃金字塔的主梁为均质的结构设计，并且尽可能地减少附属结构和节点配置，以降低金字塔的工程造价，力图使该玻璃金字塔的建筑结构更为精巧。

解决该金字塔的玻璃板的自重和玻璃板间的连接问题是结构设计中的难题，本人决定采用支撑柱来支撑 4 块玻璃板单元结构。尽管主梁、副梁的作用不同，但是在每一个结构单元都实现了均质的构造。

[图2] 架设脊线

脊线每隔6m安装主梁。脊线最长为48.3m，材料为ϕ120mm的钢材。

[图3] 钢架上梁

主梁和主梁之间还可见副梁。主梁间的节点处可以将玻璃面固定，固定件为ϕ38mm的拉力螺栓。

[图4] 建造玻璃金字塔

图片为建造金字塔顶部的场景。玻璃各边有用于安装的金属连接件，每4块玻璃构成其结构的基本单元，在玻璃金属连接件和钢架梁的位置确定之后再进行焊接固定。

在工程施工过程中遇到的最大问题就是如何确保整体结构的设计精度。在安装金字塔的外框玻璃时，要实现到金字塔顶点的尺寸精度的零误差。由于其内部钢架结构的顶点高度为31m，只要发生千分之一的误差，也会出现3cm的尺寸偏差。因此在整个施工过程中，实现工程的零误差一直是施工质量控制的主要目标。

结构概述

MOERE公园的金字塔是不规则的多面体，金字塔的高度为31m，金字塔的主体侧面为倾斜角为51° 的等腰三角形，底边长度为50m。其他的三个侧面是完全不同的多边形。

玻璃面的最小结构单元是由 ϕ28mm 钢材所构成的支撑结构（参见图5）。支撑最小结构单元的副梁，是由 ϕ50mm 的上下弦材构成的桁架梁结构。而支撑副梁的主梁，是由 ϕ60mm 的钢材构成的斜面晶格结构，并用 ϕ38mm 的拉力螺栓将主梁和下弦固定构成链状网格构造。

该不规则多面体金字塔的脊线为 ϕ120mm 的钢材（参见图6），可以避免主梁、副梁发生弯曲变形。在该工程中所能看见的各种结构用钢，基本上全部为圆形钢材。

脊线材料

标准的金字塔构造有4根结构脊线，但是位于MOERE公园的玻璃金字塔是不规则的金字塔构造，由于其不同的侧面形状，因而构成复杂多变的结构脊线（参见图7）。该金字塔的结构脊线的最长长度为48.3m，

［图5］内部结构

4根ϕ28mm的钢材结构支撑4块1.5m×1.5m的菱形玻璃，构成了支撑玻璃的最小结构单元。倒金字塔的支撑结构在正压情况时受到拉伸作用，在负压情况时受到压缩作用。

［图6］脊线结构

每隔3m的脊线抑制了主梁、副梁可能出现的位移。由于脊线可以抑制主梁、副梁产生的位移，因而也形成了一种特殊的桁架构造。

［图7］外部结构

透过玻璃可以看到错综复杂的支撑结构材料。

［图8］玻璃壁面

可以看到入口处的垂直面和侧面相贯的结构。采用这样一种结构设计，可以有效地避免可能出现的位移变形。

因而有人担心会因轴向应力集中造成其他材料出现弯曲形变。由于是在安装了主梁结构后才构成了金字塔的脊线，所以大可不必担忧立体空间可能会出现的任何位移。基于上述的原因，在保证整体结构的前提下，可以采用直径较细的材料作为结构材料，这样构成的主体构造的结构脊线，不会对人们的视线造成更多的视觉障碍。

另外贯入该金字塔东侧的直方体结构和金字塔成为一个整体，贯入体和金字塔的结合部要保留必要的伸缩缝。

解析强风

当金字塔遭遇强风作用时，位于其南面倾斜角度为 51° 、底边边长为 50m 的正三角形侧面为最大的受风面。根据平成 11 年（即：1999 年）4 月向日本建筑中心结构评定委员会所提交的计算书中的数据，在南风作用下其正压强度为 1.32kN/m²，在北风的作用下其负压强度为 0.99 kN/m²，在东、西风的作用下其负压强度为 1.32 kN/m²。

根据非线性的立体解析的计算结果，再考虑结构自身重量等因素的影响，当南风作用时，中心附近可能产生的最大位移为 14.9cm；在北风的作用下，最大位移为 10.6cm；在西风的作用下，最大位移为 14.4cm。如果再考虑到该金字塔地处多雪的严寒地域，在积雪和南风等多种因素的作用下，其最大位移可能会达到 16.2cm。该变形量相当于金字塔高度的 1/265。

连接主梁的拉力螺栓的直径为 ϕ38mm，其规格为 NHT690（即：抗张强度为 690N/mm²）。每隔 6m 设置主梁，其直径为 ϕ60mm，长度为 840 ~ 2400mm。

Project

13 彩之国的熊谷穹顶

Sainokuni Kumagaya Dome 1998~2003

设计资料（Design Data）

| 业主 | 埼玉县

| 设计 | 石本建筑事务所

| 用途 | 室内体育设施

| 结构 | 钢结构（一部分为钢筋混凝土结构）

| 规模 | 建筑面积 32803m²（地上 4 层）

| 设计时间 |1998 年 11 月 ~ 2000 年 6 月，2003 年 3 月竣工

| 特征 | 抗弯增强穹顶・套接・斜撑

时代背景

尽管采用穹顶结构的历史可以追溯到古罗马的时期，但是使用混凝土薄壳穹顶技术的历史并不长，只是在 20 世纪中期才被广泛地推广。竞技场的看台（特罗哈 / 马德里）、奥林匹克体育馆（奈尔维 / 罗马）、大教堂（坎德拉 / 墨西哥）等近代的许多建筑，都采用了混凝土薄壳穹顶结构的施工技术，该技术以欧洲为中心迅速得到发展并辐射到世界各地。

采用钢架结构的穹顶施工技术的历史也并不长，以美国的富勒先生和日本的坪井善胜先生为代表的建筑设计师，于 20 世纪后期在混凝土薄壳穹顶结构理论的基础上，经过进一步的实践发展了穹顶结构设计理论。坪井先生所设计的于 1958 年竣工的晴海国际贸易中心就是日本早期网格

［图1］穹顶的支柱
穹顶的水平投影为长轴250m、短轴135m、焦距27m的椭圆形状。通过斜撑对穹顶产生侧向的支撑作用，从而加强了对穹顶结构的支撑作用。

穹顶结构的代表作。

早期的钢结构网格穹顶构造是在双网格结构的基础上发展起来的。日本晴海的穹顶是跨度为 100m 的球型网格结构，这种网格穹顶结构具有较高的弹性同时也具有很高的强度。

20 世纪 80 年代的后期由于计算机的快速普及应用，使得人们利用计算机进行数值分析，采用数字技术分析网格结构理论，模拟任意形状的网格穹顶；采用线性矩阵进行负载增量分析，并同时可以进行非线性的分析，使得解析手段得到极大的飞跃。

大规格穹顶的新结构

自 20 世纪 80 年代以后，穹顶建筑已从单层的网格结构逐渐转向为大规格穹顶构造，而解决整体结构弯曲变形问题则成为结构设计师的主要课题。从熊谷穹顶的结构设计规划中，依稀可以看到防止结构弯曲所采取的相关举措（参见图 1）。

熊谷穹顶的构造特点是采用斜撑结构作为防止整体弯曲的主要措施，并且采用套接的手段将斜撑和穹顶的主体结构相连。采用这种方法使单层穹顶构造容易出现的弯曲现象得到了抑制，使整体的结构强度得到了进一步的提高，使其成为替代焊接和螺栓连接成为连接的主要手段，并且成为新的施工方法（参照第三章 11、12）。通过负载增量解析的手段分析穹顶结构的负荷，成为设计师进行分析穹顶结构的主要方法。

负载增量法

如果巨大的穹顶结构材料在弹性范围内出现全面的弯曲现象，势必引发整体结构的坍塌。当出现弯曲变形时，其主要原因是由于结构的负荷造成材料发生应力形变，而导致结构材料出现较大幅度的变形。为了解决可能出现的此类问题，可采用负载增量的方法，进行模拟计算。即通过建立模型的方式，并利用几何学的原理，采用逐渐增加负荷的手段，计算变形的数值,找出发生弯曲形变的临界值,以此求出临界负载值（即：弯曲负荷）的一种解析方法。

通过负载的逐渐增量变化，分析产生微量的位移，并进行一次次的反复验证试验，试图从中找出负载和位移之间的线性关系，但是最终得出的可能是负载和位移之间存在着几何学意义上的非线性关系的结论。如果采用负载增量的分析方法，可以定性分析非线性的结构材料，并以此分析振动和减震结构、隔震结构等建筑构造，该分析方法可广泛地应用于非线性领域。

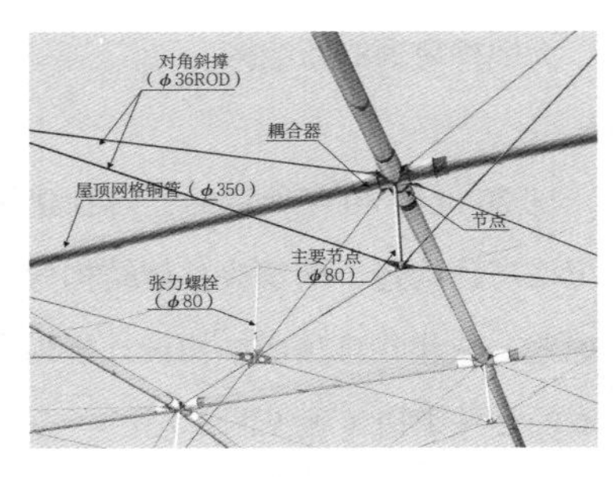

［图2］节点（DS）之间的相互制约

DS是中央节点，该节点若发生位移形变则受到对角线方向上的相邻的四个节点的制约。

弯曲控制体系

我们可以通过模型来分析穹顶的建筑结构，找出关键的结构节点并确定连接结构节点的建筑材料。由于建设大型的穹顶建筑需要进行大量的结构数据计算，因此需要工程师具有相当的几何学等相关的数学素养。倘若单层的网格穹顶结构出现弯曲形变，就会造成屋顶的结构节点沿垂直方向出现一定的相位差，从而产生相应的位移。基于上述原因所采取的抑制弯曲变形的措施就是尽可能地避免出现节点之间的相对位移。

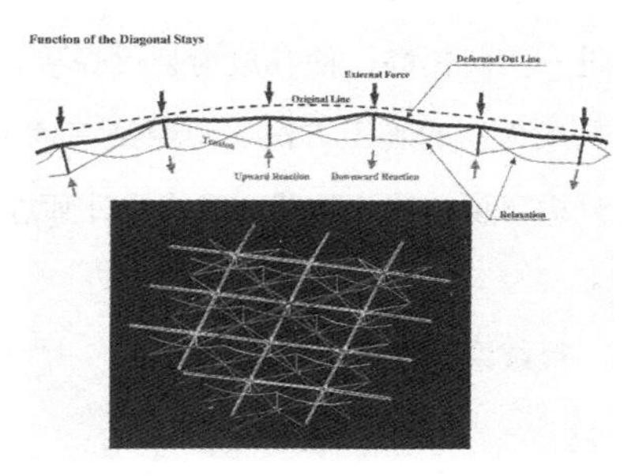

［图3］弯曲控制体系

上图表现的是在负荷作用下的穹顶受力分析图。当在负荷的作用下穹顶出现位移时，红色的节点处会受到相邻的其他节点的拉伸，从而抑制了该节点的变形。

下图为位于中心节点在负荷的作用下，若发生位移也会受到其周围沿对角线方向上相邻的四个节点的牵制示意图。

如果一个节点沿垂直方向向下发生位移，就会受到和该节点对角线方向上相邻的四个节点的制约，这种制约其发生位移的原理如图所示（参见图 2、图 3）。当该节点发生向上方向的位移时，其同样也会受到对角线方向上相邻的四个节点的牵制。由于穹顶屋顶主要出现垂直方向的位移变形，因此对屋顶沿垂直方向设置相应的支撑结构。

详细的内容请参考《晶格壳体的弯曲和支撑》（日本建筑学会 2010 年 6 月 10 日出版，第 347 ~ 359 页）。

垂直负荷时之分析

该穹顶建筑的理论设计的垂直负荷是 $1kN/m^2$。根据负载增量法，按照 6 个过程逐级增加负荷使其达到理论负荷值，再进行结构的增量分析。

如图 4 所示，在 DS（中心节点）处以 $60kN/m^2$ 作用力进行拉伸，以此观察整个穹顶在逐级增加负荷的情况下，穹顶发生变形的情况。通过实验发现，如果将负荷达到理论设计值时的负载系数定为 1，则产生的最大位移为 11.7cm；当负载系数达到临界坍塌时的 3.67 时，产生的最大位移为 49.1cm。由此可以看出坍塌临界时的负荷是平时所能承载负荷的 3.67 倍，这也进一步验证了该穹顶平时承载的负荷是在绝对的安全范围之内。

积雪・强风负荷时之分析

根据熊谷气象台 100 年以来的观测数据，该地区所记录的最大积雪深度为 45cm，因此将穹顶的积雪负载设定为 $0.9kN/m^2$。根据负载增量分析的方法，刚开始只计算垂直负载，然后逐渐增加积雪的负荷再进行分析计算，最后计算出临界坍塌时的增量负荷，即将增量的负荷分为两个阶段。第一阶段主要模拟在日常状态下，其所承载负荷是一个恒定值。分析积

Function of the Diagonal Stays

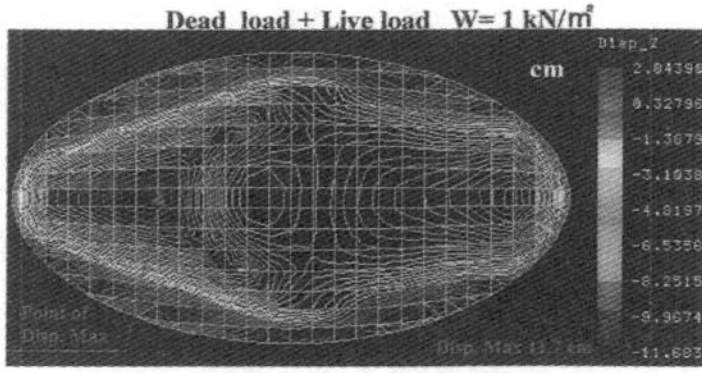

Displacement (Long period Loading)

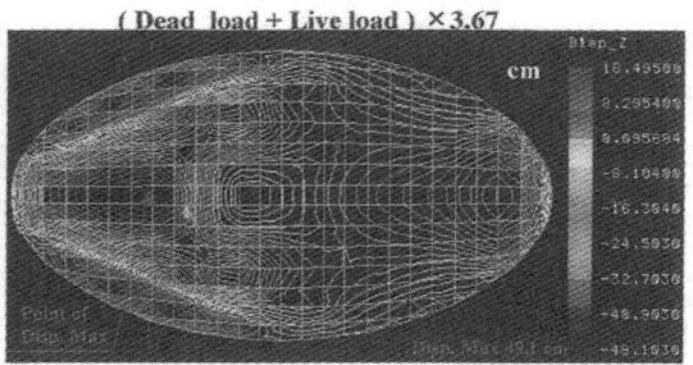

Displacement (Collapse Loading)

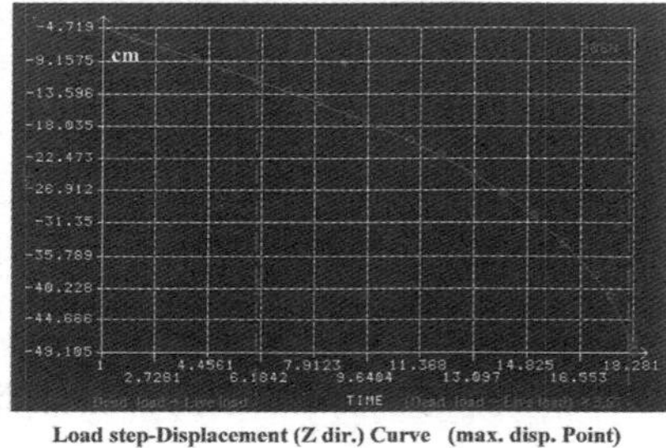

Load step-Displacement (Z dir.) Curve (max. disp. Point)

State	The Ratio of Collapse Load to Dead Load
Without Diagonal stays	0.73 (1.00)
With Diagonal Stays (initial tension ZERO)	3.03 (4.15)
With Diagonal Stays (initial tension 60kN)	3.67 (5.05)

Effect of Diagonal Stays

［图4］垂直负荷时之分析

左上图：在垂直负荷作用时，沿Z方向的形变分布图，从图中可以看出最大位移出现在位于中心轴的左侧。

右上图：为坍塌负荷时的形变分布图。

右下图：在理论设计负荷为1kN/m²的垂直负荷的作用下，中央节点（DS）和坍塌负荷之间的函数关系。

左下图：图中的横坐标表示为负荷的数值，纵坐标表示为位移变化的数值。

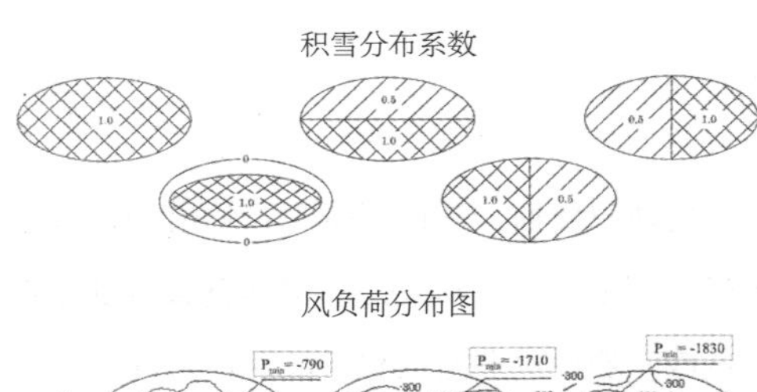

［图5］积雪・强风负荷时之分析

从图中的积雪分布系数可以看到最大的积雪深度为45mm。根据5个不同的积雪模型，计算出结构所承载的最大应力，以此选用相应的结构部件和结构材料。

雪状态下负载模型如图 5 所示。

在强风作用下的负荷分析因素，主要参考该地区的区域特点、强风产生的季节、强风的方向。日本关东平原冬季干燥的狂风是十分有名的，调取熊谷气象台过去 100 年所记录遭遇的最大台风及其最大风速的数据，以此作为进行结构设计的重要参考依据。在进行风负荷的结构设计时，有必要进行相应的风洞试验。由于刚性低而体积庞大的屋顶在狂风的作用下，屋顶会产生相应的振动，因此通过风洞试验可以得到相关的模拟数据。这些数据将成为设计师进行结构设计时的重要参考依据，并以此进行强风负荷下的结构布局。

地震负荷时之分析

在一般情况下，难以得到在某一瞬间穹顶发生坍塌时的临界负荷值(即：负荷超出这一数值之后，就会出现坍塌现象，这种状态属于最危险的状态)。在静止状态下采用负载增量的方法所求得的理论设计负荷，必须留出足够的安全系数，才能保证建筑物具有相当的安全性。下面表示的是在 5 种不同状态下记录的应力、形变等相关数值（参见图 6）。

No.1 节点处的应变为最大值之时刻

No.2 节点处的应变加速度为最大值之时刻

No.3 水平方向的应变合计数值为最大时之时刻

No.4 轴向应变为最大值之时刻

No.5 节点处的各种振动模式的函数系数 β 和加速度谱图的乘积为最大值时之时刻

借用地震波形，分析 ELCENTRO（地震波）和 TAFT（塔皮托波）两

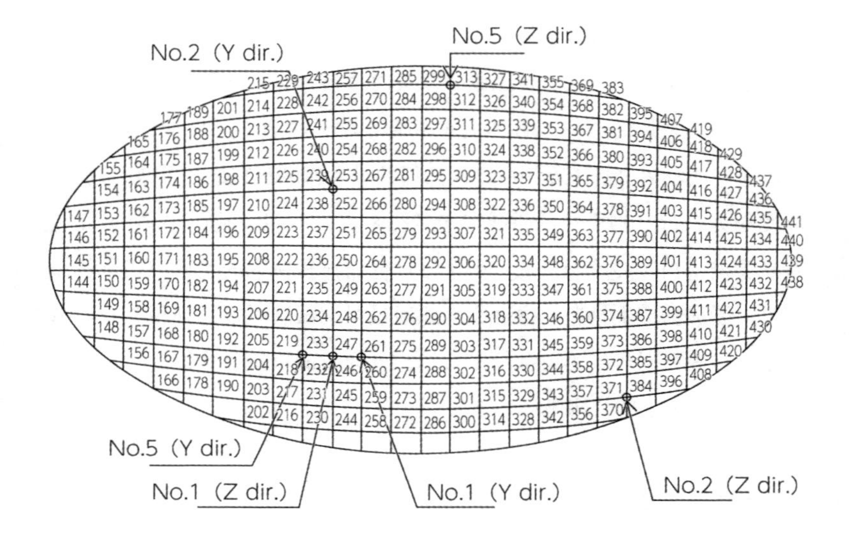

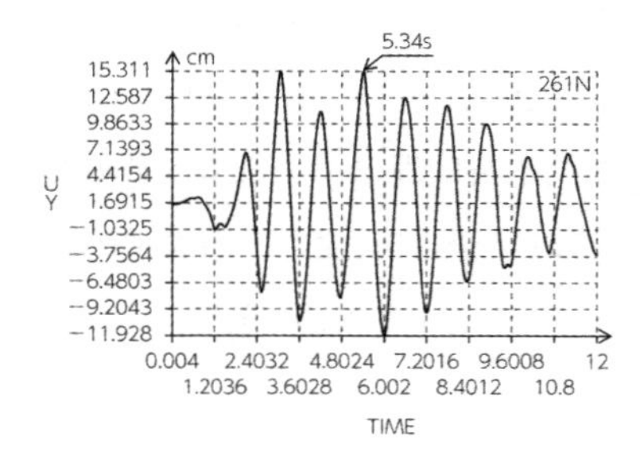

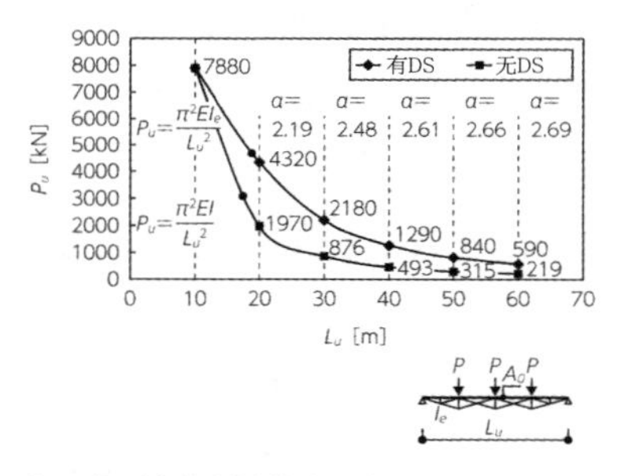

［图6］地震负荷时之分析

图中所示No.1节点在地震5.34s之后其沿Z方向的应变达到了最大数值。采用负载增量的分析方法，对这一时刻的负荷分布进行分析，从中找出发生坍塌时的负荷振动的临界数值（cm/s），以求得在临界坍塌时的最大应变数值。

［图7］对角线斜撑节点之效果

该图为欧拉弯曲负荷变化图。从图中可以看到1根30m长的网格结构钢管，在采用DS（对角线斜撑节点）方式进行结构设计时，使其发生弯曲的负荷为2180kN；而没有采用DS结构设计时，其发生弯曲的负荷为876kN，从中可以看出两者的效果相差2.48倍。

种波谱图，从中找出水平振动和垂直振动同时作用下的规律性，确定节点处的非线性振动特征（即分析应力和拉伸力的作用）。沿水平方向逐渐增大作用荷载，使其初始振动为 25cm/s，并最终达到 50cm/s。由此得出上下振动的作用荷载和沿水平、垂直方向加速度之间的对应数据，并以此作为基准化的计算数据。

对角线斜撑节点（DS）的效果

通过增大作用荷载使节点处达到弯曲破坏的临界值，以此测算 DS 节点处材料的弯曲刚性，并以此作为控制节点发生变形的重要参数。图 10 就是反映穹顶结构在有无对角线斜撑节点时其网格结构钢管的欧拉弯曲负荷与管材长度之间的相互关系。

构成穹顶网格结构的钢管为圆弧形状，看不到直线型的支撑立柱，各结构节点的钢材走向和承载数值都是经过了严密的计算，各节点可能出现的位移量也在可控制的范围之内。从图中可以看到，采用这样一种结构设计方式，凡长度超过 30m 的结构钢材其抗弯曲的效果可以增大 2.5 倍以上。

根据图 3 的垂直负荷分析图可以看出，在没有采用对角线斜撑节点（即：DS）的建筑结构中，如果将结构发生坍塌时的负荷系数定为 1，那么采用 DS 技术设计的结构，其抗拉能力增加 60kN，即节点处的坍塌负荷系数为原来的 5.05 倍。也就是说采用对角线斜撑的节点结构设计模式，不但可以控制结构节点可能出现的变形，而且提高了整体结构的刚性，使结构的负荷系数增大至原来的 5 倍。

Project

14 南山城小学

Minamiyamashiro Elementary School 1995~2003

设计资料（Design Data）

| 业主 | 南山城村

| 设计 | 理查德 · 罗杰斯和其日本合伙人

| 用途 | 小学校

| 结构 | 钢筋混凝土结构（一部分为钢架结构）

| 规模 | 建筑面积 10344m²（地下 1 层，地上 2 层）

| 设计时间 |1995 年 3 月 ~ 2001 年 4 月，2003 年 3 月竣工

| 特征 | 夹层折板 · 偏心桁架 · 均等框架

时代背景

堺屋太一于 1976 年出版的小说《团块的世代》(即：稠密的一代)，生动地描述了战后生育高潮中的一代在成人之后所面临的种种社会问题。由于该书深刻地反映了当时的社会主题，因此该书一经出版就立刻成为了畅销书。日本将 1947 ~ 1949 年的三年称为战后生育的高潮期，而在此前后一年即 1946 ~ 1950 年出生的那些人被称为“稠密的一代”。实际上当时小说所描述的各种社会问题并没有引起人们广泛地重视，因为当时的日本正处在人口快速增长而经济高速发展的时期。

1950 年前后日本面临着小学校舍和师资严重不足的局面，每个教室均要容纳 50 ~ 60 名小学生，这种小学资源严重短缺的局面受到了社会各

［图1］南山城小学的全貌
通过不同的色彩设计将低年级和高年级的教室区分开来，色调从寒色到暖色。

［图2］体育馆的外观
从图中可以看到体育馆的基本建筑构造，其跨度为8.1m，阳光可以从顶棚直接照射到体育馆内部，体育馆的四周为钢筋混凝土的刚性墙壁。

［图3］小学的大门
小学的正面面对着被称为“学校广场”的空地。

界的广泛关注。但是到了1963年前后，由于“稠密的一代”陆续从小学毕业，小学的资源又出现了严重的闲置，各地开始了学校的撤销合并工作，这种学校的撤并整合工作一直延续至今。

8.1m×8.1m均等的通用空间

学校既是实施教育的场所，同时也是所处地区居民进行继续学习的场地，这是日本对学校功能的整体定位。城市只是整个国土当中的一部分，城市设有可供城市居民使用的图书馆、文化馆等各种公用设施。但是在地处偏僻和人口稀少的地区，通过撤并小学的工作，可以使部分闲置的小学资源转化为供当地居民使用的文化设施，从而弥补了偏远地区文化设施不足的问题。

2003年竣工的南山城小学，为了应对日本日益严重的少子化和偏僻地区人口逐渐下降等社会问题，设计了很多可为当地居民提供服务的通用空间，以解决公共设施不足的问题（参见图1～图3）。

整个小学建筑的立柱均为40cm×40cm，横梁均为40cm×45cm。整个学校采用黄金分割的结构设计模式，各种建筑要素中无一不体现整体的建筑艺术风格（参见图4）。

[图4] 道路两侧的景观
可以看到小学校是跨度为8.1m×8.1m的建筑构造。

宽裕的教育场地

由于南山城小学每一年级只设有 1 个教学班，因此整个学校共设有 6 个教学班。整个小学校为两层的建筑结构，教室全部设在二层，而一层则设有各种不同使用功能的多功能厅，并且一层走廊等公共空间十分开阔，便于人们的出行和举行相应的活动（参见图 5）。由于小学校的一层开设了各种多功能厅，因而图书馆、食堂、音乐教室等用于公共活动的空间也全部设置在一层。

用夹层折板建造的可以采光的顶棚屋顶

屋顶为三列跨度为 8.1m 的建筑构造，阳光可以通过屋顶顶棚的天窗照射到室内，该小学校位于二层的建筑全部为阳光房（参见图 6、图 7）；而一层为跨度相等的各种多功能厅。

[图5] 多功能厅的内部
二层的教室下面为设置的各种多功能厅。

[图6] 夹层折板屋顶在施工过程中的全貌

体育馆为跨度24 m的偏心桁架结构，各种斜柱支撑着整体架构的钢筋混凝土横梁，建筑物的屋顶具有较高的抗震功能。

[图7] 通过顶棚进行采光的教室

可以看到靠近的顶棚的采光窗。整个建筑物沿横向设置了16组跨度为8.1m的开间，沿纵向设置了3组跨度为8.1m的开间。

Project

15 Irony Space（反讽空间）

Irony Space 2002~2003

设计资料（Design Data）

| 业主 | 梅泽建筑结构研究所

| 设计 | 埃克特库特 · 法布

| 用途 | 事务所

| 结构 | 钢结构

| 规模 | 建筑面积 196m²（地下 1 层，地上 2 层）

| 设计时间 |2002 年 7 月 ~ 2002 年 9 月，2003 年 4 月竣工

| 特征 | 夹层板 · 耐候型钢 · 钢质建材

时代背景

本人事务所的“Irony Space”工作室竣工之际，恰逢本人的事务所成立 20 年之时。而在该工作室竣工一年之后，本人也步入了花甲之年。作为一个结构师能够拥有属于自己的独立工作室，是其毕生追求的梦想。随着岁月的流逝，这种梦想从心底里就越发感到紧迫。正是在这种背景之下，才最终完成了这座夹层板构造的建筑。

结构师能够从事自己想要从事的工作是件十分高兴的事情。而能够亲自完成个人工作室的设计工作，也是遂了本人多年的心愿。因此本人也是积极支持该工作室的各项设计工作，使其能成为自己创作出更多有影响力的建筑作品的工作场所。

由于结构师的工作场所就是为“建筑空间构筑其结构的躯体”，基于这样的设计理念开始了本人工作室的设计工作。为了实现上述的理念，该工作室采用了夹层板的建筑构造，而外表面铺设了耐候性较好的钢板，以期达到100年也不需要进行维护的建筑目标。在这样的背景之下，“Irony Space”工作室诞生了。

未完成的建筑Irony Space

本人在成城的一角购置了土地，在购置土地的同时就开始了该工作室的设计工作。

进行工程设计的是埃克特库特·法布先生，他也是经过本社的选拔比赛才获得该工程的最终设计资格。埃克特库特·法布根据现有地块的实际情况，决定最大限度地提高土地利用率。根据他的设计方案，该建筑被设计成地下1层、地上2层共计3层的空间结构，每层均为一个大空间的建筑格局（参见图1，图2）。当确定该工程的建筑主题之后，本人就曾设想本事务所工作室的建筑应该不同于普通的建筑，应该彰显该建筑的构造特点。

该工作室为采用4.5mm钢板建造的夹层板结构建筑。整座建筑的屋顶、墙壁、地面均采用这种钢制的夹层板，而无需采用传统的立柱和横梁的建筑构造，开创了不用柱、梁的新的建筑时代。采用这样的建筑构造，也不需要采用传统施工的方式对建筑物进行后期的再处理施工。

[图1] 二层的平面图
建筑物的四周全部由10cm夹层板结构构成，而没有传统建筑中常见的间壁墙构造。

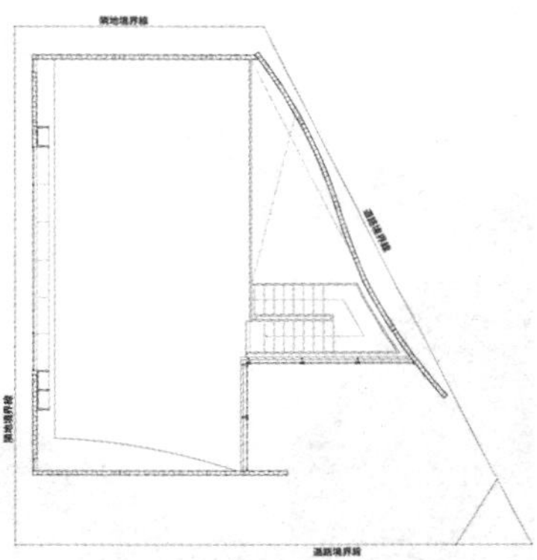

[图2] 截面图
夹层板结构建在30cm厚的钢筋混凝土的地下基础构造上，整座建筑物的地面、屋顶、墙壁也全部采用夹层板的建筑构造。

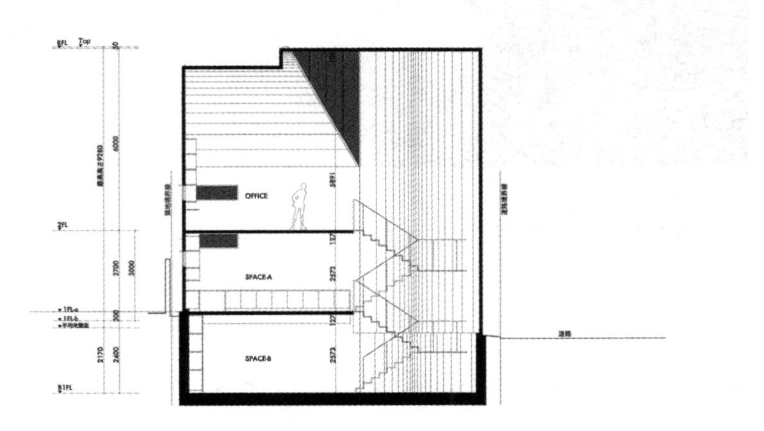

纯粹的极简主义

Irony Space 是纯粹体现极简主义风格的建筑作品（参见图 3）。

这座建筑物外部所用的材料为耐候钢和玻璃建材，内部构造采用钢制夹层板建材并用涂料进行涂覆，而地面等装饰材料则采用的是竹制板材。

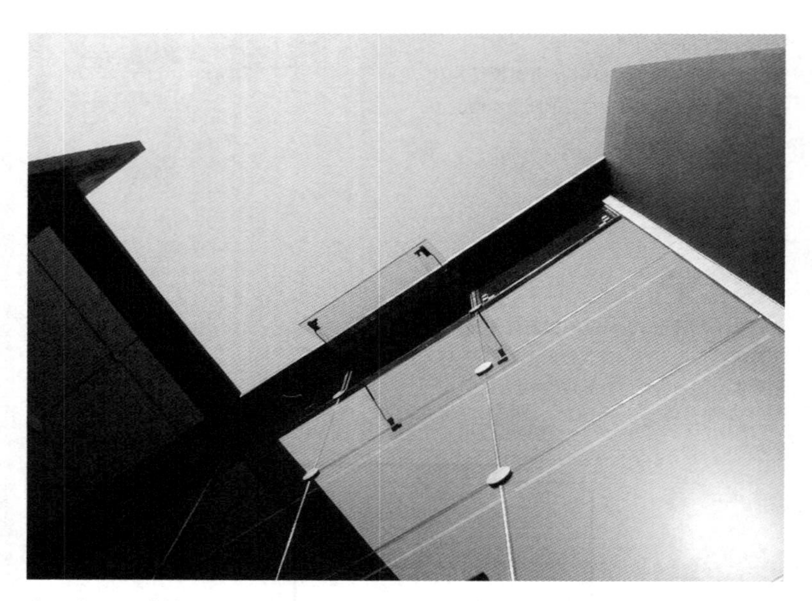

[图3] SMPG幕墙
采用SMPG体系安装的玻璃幕墙。

新的建筑不一定必须要采用新型的建筑材料，采用传统的建筑材料也可以建造新风格的建筑。Irony Space 就是采用传统的建筑材料所建造的新风格建筑的典型代表。

钢质建材的设计

这座建筑酷似采用铝质建材建造的建筑。铝质建材是现代建筑中常常使用的一种重要建筑材料，铝材可以经过岁月的洗礼而表面不发生任何的变化，也不会出现任何的锈渍。这座建筑外部的建筑材料全部为耐候性钢材，既具有较强的耐候性能，同时也不会轻易地出现腐蚀和锈渍，不需要后期对建筑物的表面进行特别的处理（参见图 4，图 5）。

在确定该建筑物究竟选择何种建筑材料之前，我们进行了广泛地前期调研，最终确定了采用钢质建材和 20cm 厚的玻璃材料。在确定了选用的建筑材料之后，接踵而来的不是设计上所面临的各种难题，而是确定最终将设计方案付诸实施的制造商。钢质建材比铝质建材的造价要高，其中每吨的单价为 100 万 ~ 200 万日元。经过反复比较，最终确定委托高桥工业公司完

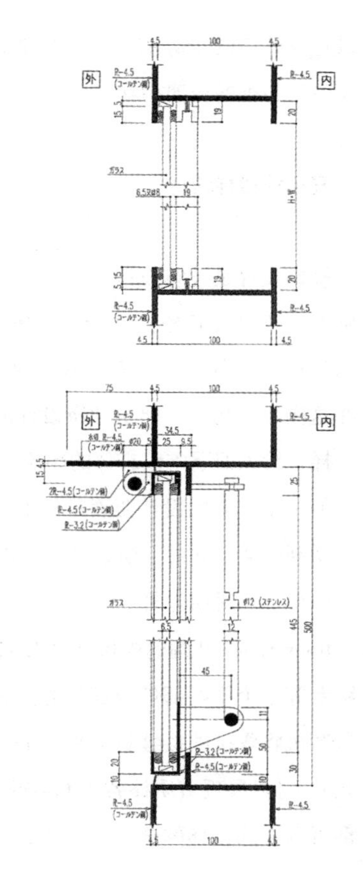

［图4］FIX钢质建材详图（上）
该图为垂直截面图。由4.5mm的钢板制成19mm × 19mm的角钢，再制成FIX窗的窗框。由于窗框和安装的玻璃可能存在5mm的缝隙，有可能出现密封不良的现象。
［图5］横轴旋转窗详图（下）
如图所示固定在窗框上，窗户通过向内拉和向外推的方式开启。

成这座建筑的全部钢质建材的加工生产；并用 2.3mm 厚度的耐候钢板加工生产各种的玻璃窗框。

开阔的楼梯设计

楼梯设计是建筑设计中的重要科目之一，楼层和楼梯的设计对于建筑师而言不是件轻松的事情。如何处理好内部楼梯和各楼层之间的关系，凸显楼梯和各空间要素之间的对应关系，这是困扰建筑师的难题之一。在这座建筑物中，建筑师所设计的楼梯就如同雕刻在内部的开阔空间中一样，给人留下难以忘怀的印象。

另一个重要的设计要素是从下向上的视觉设计。通常建筑物的楼梯设计受到桁架、立柱、横梁等建筑要素的影响，由于受到的影响要素太多，因而很难再通用建筑中看到精美的楼梯设计模式。

Irony Space 开阔的楼梯全部由 22mm 厚的钢板制成，楼梯的踢面、踏面、歇台等三个主要部件也都是通过焊接的方式先将钢板连接在一起，再用研磨机将焊接的接缝打磨平滑的。工匠们精心制作的整座楼梯就如同工艺品一样，展现着质朴的艺术美感。无论是从下往上看，还是从上往下看，都可以看到楼梯的全貌。这样的一种楼梯设计，在通常的建筑物中是很难看到的。

Project

16 三重县县立熊野古道中心

Mie Prefectural Kumanokodo Center 2004~2007

设计资料（Design Data）

| 业主 | 三重县

| 设计 |Akivuijon 建筑研究所

| 用途 | 博物馆

| 结构 | 木结构（一部分为钢筋混凝土结构）

| 规模 | 建筑面积 2436m²（地上建筑有 2 层）

| 设计时间 |2004 年 2 月 ~ 2005 年 3 月，2007 年 1 月竣工

| 特征 | 木质集成材结构・尾鹫桧（即：日本扁柏）・金属连接扣件

时代背景

位于三重县的熊野古道是著名的世界遗产，作为“伊势道”的发祥地，依然向世界展现着当年独特的魅力。为了保护好历史的遗迹，当地曾以竞标的方式向各方征集遗址的保护方案。其主要目的是以建设“熊野古道中心”木结构建筑设施为核心，推动整体的保护工作。我们的设计方案有幸在一百多件应征作品当中脱颖而出。

在我们的设计方案中主张：“由于当今世界上已经很难再寻觅到树龄在几百年以上的原木作为建筑用的木材，而现代的木结构建筑基本上是借助胶黏剂和各种金属配件来完成建造工作，所以现代日本的木结构建筑一般均使用木质的集成材料。但是采用传统的施工技术建造的木结构

建筑给人以质朴的美感，并且建筑物的生命也比较长久。尽管我们没有用几百年树龄的原木作为建筑材料，但是我们十分尊重传统的建筑技术，提出了利用现代加工技术生产的人造实木板作为基本的建筑材料，来建造木结构的空间建筑的设计方案。”这种新的木结构设计方案的核心就是采用木质集成材的建筑结构。

木质集成材结构

木质集成材结构的实质就是将木质的集成板拼接在一起构成木质结构的基材，以此建造木质结构的建筑。在生产木质集成材的过程中，需要借用胶粘剂将窄的木条粘接在一起。在用集成材建造木结构建筑时，需要各种的金属连接件将集成材进行固定。

在熊野古道中心的工程施工中，共使用了长 6m 的尾鹫桧板材 6000 条，金属连接件 4 万个。桧木集成材的断面尺寸为 4 寸 5 分，也就是 135mm × 135mm。

进行和实物大小一样的模拟试验，是设计时进行数据采集的一种手段。为了获得近似真实环境下的相关数据，需要进行立柱、横梁、墙壁的仿真试验。通过模拟试验，既可以测试得到材料的剪切数据，也可以获得在安装金属扣件下的材料理论应力数值和理论应力变形量等基础数据（参见图 1、图 2）。

工厂生产的立柱、横梁、墙壁

在专门的工厂生产施工中所需的立柱、横梁、墙壁等三种基本结构部件，

[图1] 模拟仿真试验
模拟和实物大小一样的仿真试验。以超过设计荷载3倍的数值进行破坏性试验，测算弹性范围内的荷载与挠度之间的相互关系。

[图2] 剪切试验
通过实验测算每个集成材所能承受的最大剪切力。沿集成材轴向方向的最大剪切力为14.1kN/个，沿径向方向的最大剪切力为7.8 kN/个。

这三种结构部件均为木质的集成材。在工厂生产出来的预制式结构部件运到施工工地之后再进行现场组装。由于现代的木材加工技术已经达到了相当高的生产水平，加工出来的预制结构部件其加工精度和生产速度已经能够完全满足工地的施工要求。

生产出来的结构木材往往在加工几天后会出现细微的干燥收缩现象，而安装的金属扣件其精度要求往往会精确到零点几个毫米，结构木材在经过几天的干燥之后就难以安装金属扣件。因此加工后的集成木材还需要进行拉直作业（参见图 3）。在结构木材干燥收缩之前就安装金属连接扣件，

[图3] 储存中的结构部件（王段组合梁）
经过加工处理后的木质集成材结构部件。干燥后的木质集成材部件难以安装金属连接扣件。

[图4] 搬运中的结构部件
普通的轻型卡车一次可以运送30根木质集成材结构部件。

[图5] 施工方正在架设屋顶
架设在立柱之间的主梁共计需要安装12个金属连接扣件。

干燥收缩之后金属连接扣件就很难拔出来了；安装了金属连接扣件的结构木材，经过干燥收缩之后可以将形状固定下来，尺寸也不再发生变化。

现场组装

施工方将工厂生产的木质集成材结构部件一并运到施工现场（参见图4），然后再按照施工的工序进行现场组装，依次组装副梁、主梁、立柱等部件。然后再按照相反的次序进行施工，先安装立柱、再安装主梁，再依次安装副梁等其他结构部件（参见图5）。为了确保施工的顺利进行，结构部件中的金属连接扣件一律不在施工现场安装，而是在加工工厂安装就位，现场只需将金属扣件连接起来就可以了。

第五章　IRONHOUSE和住宅栖身理论

21 世纪人类的目标已经由“挑战科学技术”转为“可持续发展”，即守护日益枯竭的资源和遭到破坏的环境，转向持续发展，必须抑制资源的无序开发和保护生存的环境。和住宅建筑相关的诸多紧迫而现实的问题已经摆在人们的面前，探索适合于 21 世纪居住的住宅成为了人们追求的新课题。

与此相关的是如何延长日本住宅的平均建筑寿命，开发新的施工方法和新的建筑材料将传统只有 30 年寿命的建筑延长至 100 年以上，将传统用于栖身的住宅建造成 IRONHOUSE，成为 21 世纪的建筑师和结构设计师所追求的住宅建设目标。

1 为什么我们要建造超长寿命的住宅?
Why do we need Super Long-term Houses?

平均使用年限

日本住宅建筑(包括钢筋混凝土公寓建筑)的平均寿命只有30年左右,从建成到被拆除的年数上,由此得出了住宅建筑的“平均使用年限”的专业术语。

图1表示的是日本住宅的平均使用年限和现有住宅(老旧住宅)的流通比率和欧美等国相比较的情况。日本的住宅建筑平均使用年限只有30多年,和美国的55年、英国的77年平均使用年限相比实在是太短了。而且现有住宅在市场流通交易的份额也只有13%,和美国77%、英国88%的流通交易比例相比也是微不足道的。根据日本于2003年发布的《住宅·土地统计调查》中的数据,日本全国4726万户家庭总共拥有5389万套住宅。在这中间拥有自有住宅的2867万户当中,85%属于具有单独院落的住宅建筑,不到15%属于公寓式的住宅建筑。由于日本带有独立院落的住宅建筑基本上为木质构造,因此延长木结构住宅建筑的平均使用年限以提高木结构住宅的使用寿命,已经成为日本建筑业亟待解决的紧迫任务。

由于1968年日本的住宅数量就已经超过日本的家庭数量,因此可以看到日本在40多年以前就已经解决国民的住宅问题了。日本现在每年大约新建80万套的住宅以解决因拆除旧住宅而出现的新的住宅需求问题。

为什么一定要将旧住宅拆除呢?这主要因为业主在购买土地的时候,

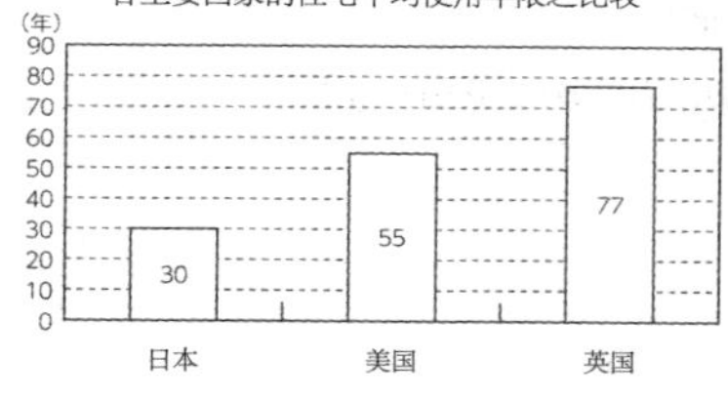

日本：根据日本《住宅·土地统计调查》（1998年、2003年）
美国：根据American Housing Survey（2001年、2005年）
英国：根据Housing and Construction Statistics（1996年、2001年）

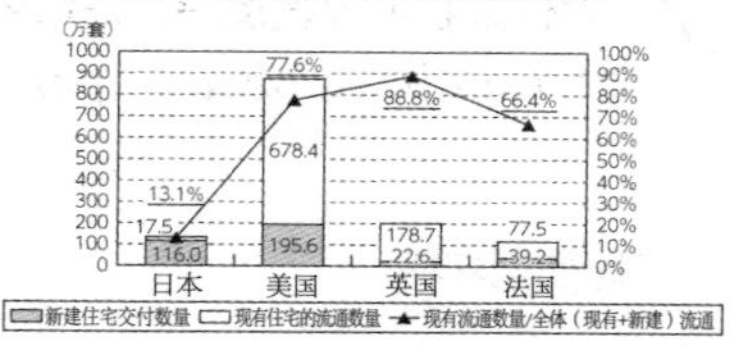

日本：根据日本《住宅·土地统计调查》（2003，总务省）、《住宅开工统计》（2003，国土交通省）
美国：根据Statistical Abstract of the U.S.2006
英国：根据英国的社区·地方政府事务部的网站（依照英格兰、威尔士现有住宅的流通情况）
法国：根据法国的运输·设备·旅游·海洋事务部的网站

［图1］住宅的平均使用年限和现有住宅流通交易的份额
现有住宅的流通交易份额是指在当年新建住宅的交付数量与现有住宅（老旧住宅）的交易数之和同现有住宅的总数的比值。从图中可以看到2003年现有住宅流通交易的份额为13.1%。

建在该地块上的住宅已经破旧，而相关企业在销售住宅土地的时候极力劝导业主再建新的住宅。这种拆旧建新的现象在日本社会极为普遍，日本政府应该出台相应的措施以避免资源的浪费，防止出现过度的房地产投机，提高现有住宅流通交易的比率。

图2为住宅在全寿命周期内各成本变化的相互比较图。如果住宅的使用年限较长，其全寿命成本可以降低为原来的三分之二。由于存在着管理成本的问题，所以管理费用也会上升，因而整体成本减少并不多。如果将住宅的使用期限延长，而维护住宅的管理费用也就相应地增加了。但是若政府采取相应的措施，将住宅的日常管理成本降低一半，则整座住宅的全寿命成本则有可能降低到原来的三分之一，这就可以凸显超长期寿命的住宅的优势了。当然重中之重是解决如何进行住宅的日常管理问题。

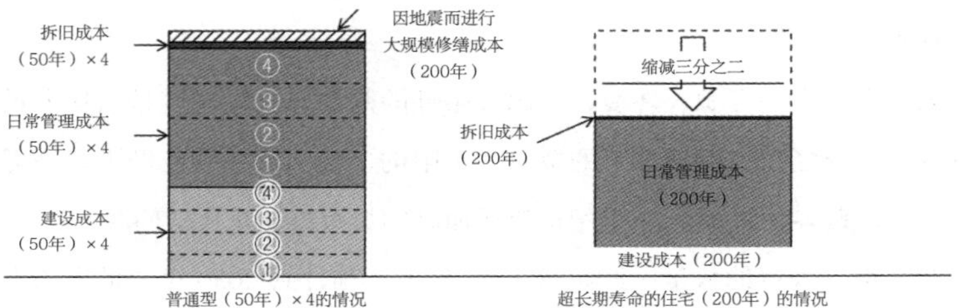

1：根据11层65户（每户均为3居室）的集团住宅进行推算。推算过程中已包含土地成本。
2：推算出普通型的住宅每50年需要进行一次翻建（200年间需要进行4次翻建）。
3：推算出200年超长期寿命的住宅建设的成本比普通型的住宅增加20%，而日常管理成本减少10%。

[图2] 延长住宅的使用年限和减轻居住费用的负担
日本国土交通省住宅局推出了11层65户（每户3居室）的住宅建筑样板工程，以延长住宅的使用年限并降低居住的费用。但是这种样板式住宅的日常管理费用还是很高。尽管该样板住宅工程的建设成本、拆旧成本降低了四分之一，但是日常管理费用却只降低了10%。如何抑制超长期寿命的住宅的日常管理费是降低该住宅全寿命成本的关键之所在。

现实有两个重要因素也需要日本建设超长期寿命的住宅。第一个因素是日本国民个人的平均收入已不能再支持拆旧建新的住宅建设方式，日本的 GDP（即：国民生产总值）在经历了 15 年的徘徊停滞之后，在 2010 年其常年稳居世界第二的位置已经被中国所取代。本人所属的企业的现状也反映着日本大多数企业经营的窘境，整个社会不能低估在偿还住宅长期贷款时所面临的风险。如果住宅的使用期限只有 30 年，那么我们的子孙后代将永远陷入在不断偿还住宅贷款的怪圈之中。子孙后代将不能享受前人所建造的住宅，从某种程度上也隔断了家庭之间的亲情传承。

尽管欧洲也曾经历过和日本一样的经济停滞发展的时期，但是欧洲人却享受着远远超过日本的生活水平，其中一个重要的原因是他们继承了前人留下的丰富遗产。欧洲人所继承的历史遗产是长期积累的结果，现代的西方人正在充分享受着前人所留下的各种有形和无形的遗产。

第二个因素是资源、环境、能源等条件的制约。住宅建设是消耗大量资源的一只怪兽，而地球上的资源是有限的，现实的世界已经不允许无限制地浪费各种资源。21 世纪世界所面临的最大难题是人口问题，21 世纪初全世界人口的数量已经超过了 60 亿人，预计到 2050 年全世界的人口数量将达到今天的 1.5 倍，即要达到 90 亿人。整个世界都无法回避日益恶化的粮食、资源、环境、能源等各种难题。

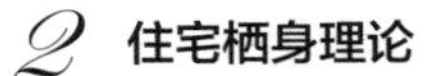

住宅栖身理论

The Theory of House Shelter

以钢铁作为基础的建筑材料

很早以前就有不少的人士指出了木结构住宅建筑所存在的各种问题。主要问题是木结构住宅的平均使用年限较短，同时还存在着社会资产的保值增值、住宅的资产价值、环境废弃物的管理、住宅区域的景观协调等一系列问题。由于木结构住宅建筑的平均使用寿命较短，因而和其他商品的消费相比其建设成本较高。为了解决这个问题，实现低成本的设计，就不可能以耐久性不高的粗制材料作为基本的建筑材料。只要给予必要的资金投入，就能提高木结构住宅建筑的使用寿命。

“二战”之前所建造的木结构建筑和现代的建筑相比其抗震性能和防火性能处于明显的劣势，耐久性能也不占优势。对于木结构建筑而言，保持建筑的通风效果是至关重要的因素。日本传统的木结构建筑通过明柱墙、屋檐等建筑要素来彰显建筑物的“形”，这种强调木建筑“形”的设计思想贯穿在日本的寺、社、庙、阁等许多木结构建筑中，赋予了日本的木结构建筑以长久的生命力。战后日本的现代建筑深受欧美建筑文化的影响，日本不同区域的建筑已逐渐从传统的日式风格向西洋式风格发生转变。再加上日本所实施的《建筑基准法》对木结构建筑的抗震性能、防火性能均有严格的要求，造成传统木结构建筑中构成“形”的明柱墙、房檐等建筑要素逐渐消失，使得木结构住宅的寿命进一步缩短。

［图3］IRONHOUSE的1:50的钢质模型
该钢质模型由雕刻家尾崎悟作先生制作。

［图4］Irony Space的外观
建筑物的外部被耐候钢制成的钢板所覆盖，构成其内部栖身的空间环境。

［图5］Irony Space的内部
钢制的夹层板构成内部栖身的通用活动空间，内部的空间布局各层并不相同。建筑物由地下室、一层、二层组成，而地下一层和地上二层形成了一体化的空间构造，一层和二层之间的楼层层板的厚度达到了13cm。

基于上述因素在现有的法律框架下，延长传统风格的木结构建筑的使用年限真是难上加难。这就是住宅栖身理论中强调以钢铁作为基本建筑材料的重要原因（参见图 3）。

作为栖身建筑的外部结构

作者本人根据“住宅栖身理论”的观点设计了 Irony Space（即：反讽空间），该建筑于 2003 年 3 月竣工。在这座建筑中体现“外部结构 100 年免维护”的设计思想，也就是在贯彻实现超长期住宅设计理论的一种尝试。

所谓超长期住宅就是指设计师在进行住宅设计时，以 100 ~ 200 年的住宅使用期限为设计的基本目标，以几代人和不确定的大多数人为使用对象所设计的一类住宅。此类住宅的内部结构后期可以进行多次改造，而外部构造的结构材料具有较高的耐久性能，即住宅建筑的外部结构属于理想的栖身结构（参见图 4、图 5）。

此类具有 100 年以上使用寿命并可供几代人长期居住的住宅建筑其建筑构造属于填充式的骨架结构，在外部结构建成之后的内部空间布局可以自由变换。在规划设计超长期住宅建筑时，设计师应当将建筑物的景观效果作为设计的重要要素，要考虑所设计的住宅建筑所处的区域环境。具有独特魅力的住宅建筑可以使地价和建筑物的价值同时得以升值，也能和欧美一样促进半新住宅在市场上的流通交易。一般外部构造的施工成本为整座建筑工程造价的一半，可以采取多种有效的措施以降低整座住宅建筑的工程造价。

“住宅栖身理论”是一个需要进一步完善的住宅理论。

外观设计能影响街区的景观效果

欧洲那些散发着历史气息的街区和小镇使人流连忘返，由统一的建筑材料营造的统一风格的建筑让人感叹不已。日本虽然也有由传统建筑构成的街区和小镇，但是由于木结构建筑的耐久性能、抗震性能、防火性能欠佳，因而日本各种独具历史特色的街区和小镇面临着逐渐消亡的命运。正是由于日本的街道建筑的平均使用年限是世界上最短的，因此在进行土地交易的时候，该地块上的住宅建筑就成为了负资产，面临着被拆除的命运，同时还会造成一系列的环境负担。

建设超长期住宅建筑不仅要考虑到住宅资产的价值问题，而且还要统筹考虑如何解决好相应的资源环境问题，最终致力构筑繁荣、富裕的和谐社会。这是摆在日本建筑工作者面前紧迫而亟待需要解决的课题。

抗震强度和耐久性能

只有 30 年寿命的建筑和使用年限为 200 年的住宅对抗震强度的要求是完全不一样的。虽然日本现行的建筑法规对住宅建筑的各种指标给予了明确的最低要求，但是对于建造超长期住宅建筑而言，其抗震性能和耐久性能应当有更高标准的要求。IRONHOUSE 建筑中的夹层板结构具有很高的抗震强度和耐久性能，可以抵御强震和台风的侵袭。

3 IRONHOUSE
IRONHOUSE 2007

设计资料（Design Data）

| 业主 | 梅泽良三

| 设计 | 椎名英三 · 梅泽良三

| 用途 | 住宅

| 结构 | 夹层板结构（地上）· 钢筋混凝土结构（地下），地上 2 层、地下 1 层

| 规模 | 占地面积 135.68m²，建筑面积 172.54m²

| 设计时间 |2005 年 8 月 ~ 2006 年 6 月，2007 年 10 月竣工

| 特征 | 夹层板结构 · 耐候钢 · 超长期住宅

建筑概要

IRONHOUSE 地处世田谷的住宅区，位于由北侧 4m 宽的道路和西侧 3m 宽小道所围成的不规则地块之中。该地块 30 年前所建造的木结构住宅建筑正处在需要进行拆旧建新的时候，新建的 IRONHOUSE 的建筑面积为 172.5m²，是地下为 1 层、地上为 2 层适合多子女家庭居住的住宅建筑。一层和地下室为父母的卧室和活动空间，二层和阁楼是子女们的卧室和活动空间（参见图 6）。

IRONHOUSE 正如其英文含义所描述的那样是“铁质的住宅”。该建筑的外部结构全部被耐候性良好的夹心钢板所覆盖，其内外楼梯、各种扶手、阳台、拉门隔扇、房檐、炉灶烟囱、水流子、窗帘盒和外部结构等其他附属建筑要素全部由耐候钢制成，其他约 130 组建筑模块

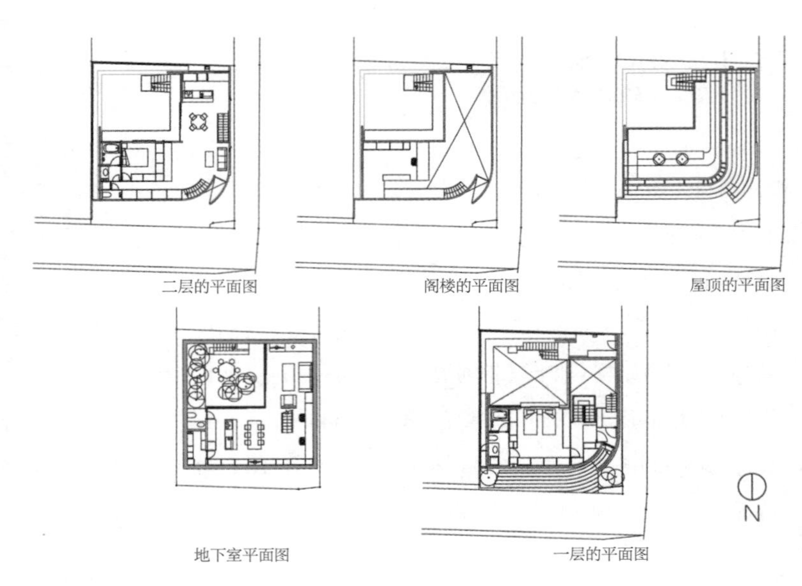

[图6] 各层的平面图

该建筑的用地为近似的正方形，其南北方向长为12m、东西方向长为11m。一层和地下室为父母的卧室和活动空间，二层和阁楼是子女们的卧室和活动空间。

也由耐候性钢材制成。可以说这座住宅是践行住宅栖身理论的样板式建筑。

在进行该建筑设计时，设计师将主人的起居室、饭厅、厨房等日常生活的空间设置在了地下一层，而整个地下空间又被L形下沉式花园所环绕。为了实现内外一体的设计效果，将连接地下储藏室等地下空间的外接楼梯和屋顶花园相连接，从而形成了附着在建筑物外部的外部通道（参见图7、图8）。

位于地下的储藏间成为建筑物外部的中心，玄关则为建筑物内部中心。有专门的楼梯直接连通地下空间和二层的阳台。

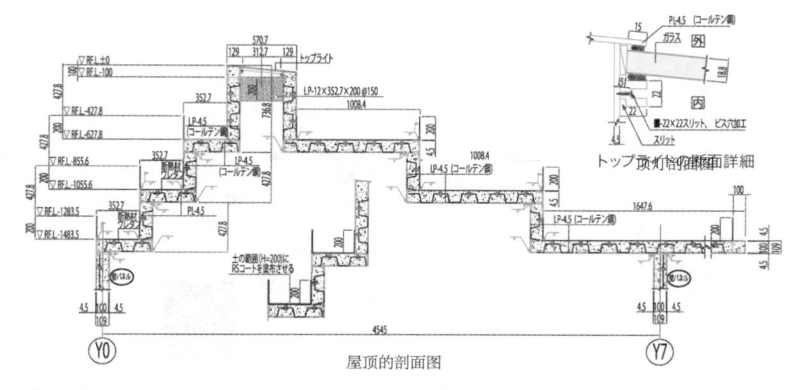

［图7］屋顶的剖面图

夹层钢板的厚度为100mm。屋面板由夹层钢板构成，Irony Space的夹层钢板厚度75～100mm，其外表面夹层钢板之间留有25mm的空隙，用于填充聚氨酯树脂隔热保温材料。

该住宅建筑的外部空间和内部空间依轴线布局，而起居室则处于建筑物的中心，无论是身处建筑物的何处都可以看到位于中心的院落，站在外部楼梯上可以眺望远方。身处下沉式花园的中心仰望天空，能深刻感到大自然的宏大辉煌。采用这种独特的设计形式，是为了体现宏大和变幻的空间布局。

建设概要

这座建筑物全部采用夹层钢板作为基本的建筑材料。由于施工工地地处狭窄的地段，四周被道路所环绕，所以需要采用载货量 2t 的卡车不断地将夹层钢板运送到施工的现场进行安装施工。

该工程最大建筑模块的宽度为 1.6m、长为 6m。由于模块的重量被限

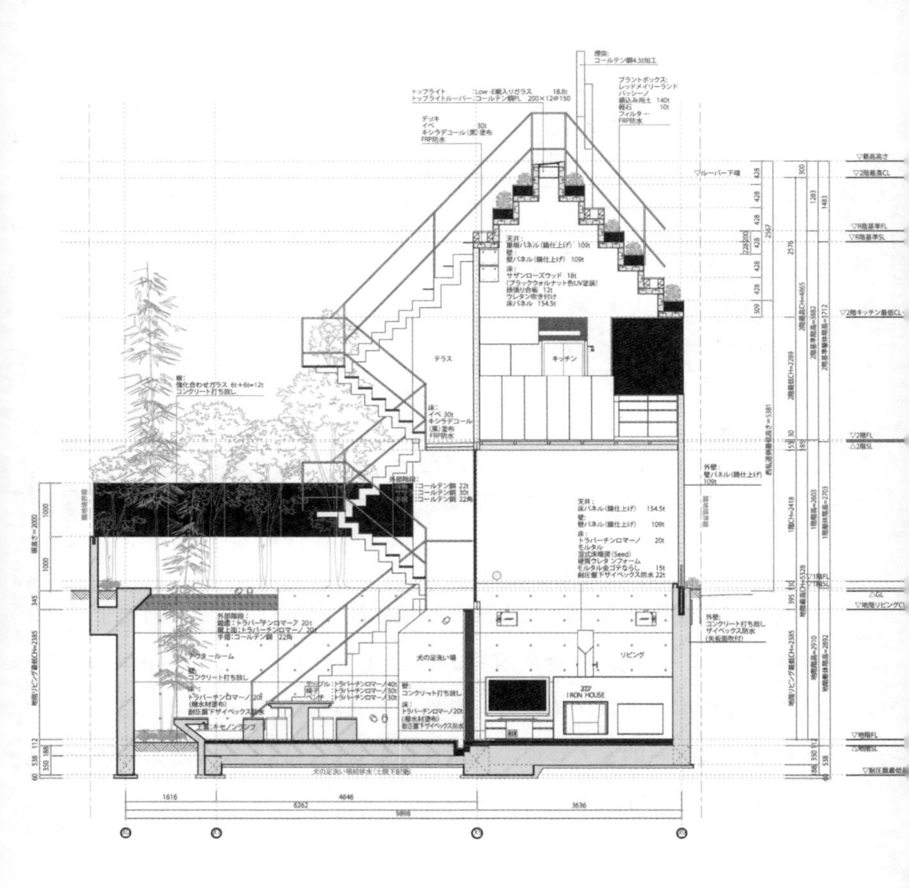

[图8] 东西剖面图

可以看到连接下沉式花园和屋顶花园的外部楼梯。该楼梯直通储藏间，位于西侧的门廊和外部直接相通。

制在 1t 以内，所以可以采用小型的起重机进行吊装施工。整座建筑的吊装完成需要 3 周左右的时间，而后期的焊接和打磨还需要 3 周左右的时间（参见图 9、图 10）。最后还要将构成外部结构的耐候钢板进行一体化的防护焊接施工（参见图 11）。

外部楼梯和屋顶花园

在延长日本住宅建筑使用寿命的同时也需要考虑周边景观的因素，要使住宅建筑和周边街区的建筑风格相互融合。该住宅的屋顶采用了平面屋顶的结构设计，可以在屋顶上开辟屋顶花园，也为周边的街区景观增

[图9] 正在吊装夹层钢板
由于施工场地的道路狭窄，因此各种夹层钢板的尺寸限制在1.6m × 6m的范围内。

[图10] 施工时的场景
可以看到在吊装屋顶面板之前的外墙壁板的施工场景。该施工场景就如同砖石砌筑结构的建筑施工时安装屋顶的场景。

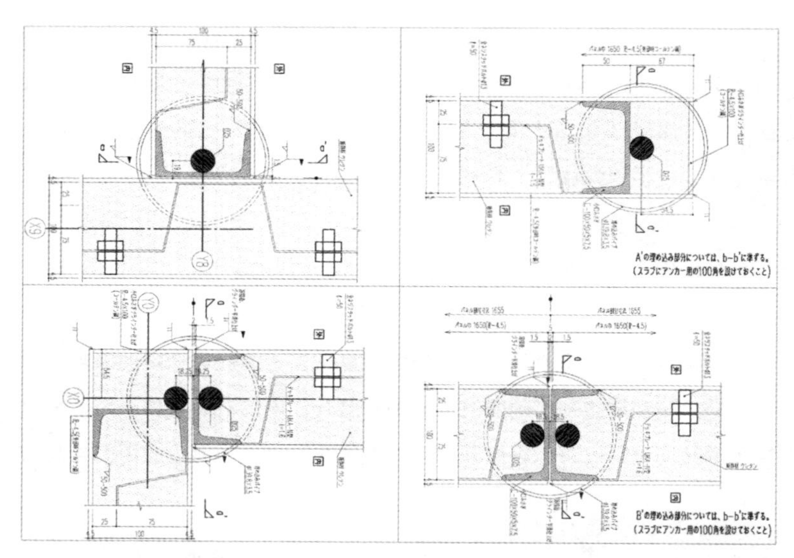

［图11］墙壁夹层钢板的焊接施工

可以看到如图所示的3种夹层钢板焊接接头的连接方式，有L、T、I型三种类型。每个夹层钢板的焊接接头的焊缝控制在2mm左右。在现场进行焊接施工时，既要确保焊接的精度，也要保证每块夹层钢板均焊接牢固。

色添彩。IRONHOUSE 的屋顶所采用的近似块块农田的设计模式，为周边居民提供了可以借鉴的屋顶花园的设计样板（参见图 12、图 13）。

雕刻师制作的该建筑模型给本人在进行结构设计时给予了很大的启发。普通的住宅建筑都是通过安装在内部的楼梯连接阁楼和屋顶，但是在进行日常的种植、除草、培土、施肥、浇水等园艺活动时，通过设置在建筑物外部的楼梯进行上述作业是十分便利的事情。经过反复对活动轨迹的模拟和切身体验，最终决定在 IRONHOUSE 建筑物的外部设置楼梯，以方便人们的户外活动（参见图 14）。

［图12］屋顶花园上的顶灯

顶灯通道位于屋顶花园的中央，顶灯通道的左右两旁为块块农田状的花园。实施屋顶绿化工程，可以使屋顶的隔热效果变得更加明显。

［图13］屋顶花园上的花草

入冬到开春之前，屋顶花园如果种植普通花卉会因为严寒而枯萎。因此应选用耐寒性优良的花卉作为观赏植物。例如种植小金盏花、雏菊等一类的植物，可以在冬季也能看到绿色的植物；也可以种植卡罗来纳茉莉，其在3月底到4月初，会绽放金黄色的花朵。

［图14］外部楼梯

为了体现从下沉花园逐渐向上升起的效果，设置了不断转向的楼梯，楼梯踏板的厚度为22mm，楼梯平台的厚度为30mm。

门廊和储藏间

在 IRONHOUSE 的西侧开设出入口以方便人们进行外部活动。该出入口和门廊、储藏间相通，并通过外部楼梯和地下空间、二层阳台、屋顶花园相连（参见图 15）。

由于该建筑设置了下沉式花园和屋顶花园，因此在方案设计时要充分考虑到便于人们从外部能直接出入的问题。

玄关和内部楼梯

由于该建筑毗邻北侧和西侧的道路，因此整体的建筑为不规则造型，而连接玄关的外墙墙壁呈胶版似的外形（参见图 16）。建筑物的外墙呈缓缓弯曲的曲面，位于屋顶的扶手则好似大船上的横栏一般（参见图 17）。

步入玄关是通向父母居住的一层、子女们居住的二层的两扇门。进入到父母居住的大门后，看到是从地下一层贯穿至屋顶的开阔空间，通过设在内部的楼梯可以进入到地下各房间和起居室。由于地下空间狭窄，所以内部楼梯全部采用玻璃作为踏面（参见图 18）。

二层和阳台

二层的墙壁、顶棚、外部等附属设施基本上全部采用耐候性钢材作为基本的建筑材料。位于顶棚上的空中花园为块块农田状的造型；设置在屋顶中央的顶灯所发出的光线，就如同人置身于洞穴之中所看到

［图15］门廊

面向西侧的门廊是人们日常处理垃圾的出口，也是进入下沉式花园和屋顶花园进行园艺作业的通道。可以看到屋顶的独特结构起到了防止西晒和遮阳的效果。

［图16］位于西北角的玄关

由于该建筑和外部相邻很近，因此采取了封闭感的外墙设计。而玄关没有采用常见的在墙壁上直接开口的设计方式，而是借用曲面胶版式外墙墙壁的缝隙设置玄关，因此给人以墙壁的断口处就是玄关的印象。

［图17］从西北方向看IRONHOUSE

由于IRONHOUSE地处不规则地带，因此墙壁呈缓缓的曲面。位于屋顶的扶手好似大船上的横栏一般。拐弯处种植绿色植物。

［图18］玻璃面的楼梯
楼梯采用30mm×60mm的耐候性角钢作为钢架，以确保钢架楼梯具有足够的刚性。而楼梯的踏面全部为玻璃材质，使楼梯尽显奢华。

阳光的感觉一样（参见图 19、图 20）。

位于地下的下沉式花园和二层的阳台构成了整座建筑物内部的开阔空间，地下各房间被 L 形的下沉式花园所环绕；连接阳台的外部楼梯将下沉式花园、屋顶花园和一层的储藏间相连（参见图 21）。

[图19] 二层的内部（从北向南看）
可以看到光线通过顶灯照射到室内。二层的左侧通往阁楼，外侧是通向外部的阳台。二层给人以强烈的硬壳式车身的印象。

[图20] 位于二层的阁楼
左边是通往阁楼的楼梯，中央书斋的背面为寝室，寝室的上方就是阁楼。二层放置着由家具巨头生产的各种家具，营造了舒适的居住环境。书斋的右侧为推拉窗，可以看到和阳台相连的外部楼梯。

[图21] 二层的阳台和外部楼梯
从位于一层的浴室向外眺望，相对于封闭的外部环境而言，IRONHOUSE的内部是一个开放的大空间。

地下空间

很少看到能有效地利用地下空间建造住宅的实例。由于一般的地下室通风、采光的效果不佳、湿气较重，因此人们对开发地下空间建造住宅的做法采取了敬而远之的态度。日本现行的法规还没有将地下的面积规定为住宅的建筑面积，因此人们应该合理地开发地下空间以提高住宅的使用率。IRONHOUSE 利用狭窄的地块，有效地开发和利用地下空间，规划建造了父母亲的起居室、卧室、饭厅、厨房等房间。内部和外部空间的地面使用了洞石一类的材料，使得地下空间的室内和室外处于同一个水平的基准面。

IRONHOUSE 地下空间的土方作业区为 10m × 10m，地下空间的东南角设有面积为 6.26m × 5.45m 的开阔空间，剩下的 L 形空间为地下室的各个房间（参见图 22）。

尽管地下室身处地下空间，但是从视觉感觉上和身处地面并没有太大的区别，其采光、通风也十分充分，而且还具有冬暖夏凉的效果。这种有效地利用地下空间开发建造的别样住宅，也为在闹市中建造居住性良好而私密性强的住宅建筑提供了成功的范例（参见图 23）。

窗和拉门

IRONHOUSE 建筑物的外部为夹层钢板结构，而窗户和拉门也属于建筑物外部构造的一部分。

通常的窗户和拉门等建筑物外部结构采用铝材制品，但是 IRONHOUSE 全部采用耐候性钢材制作。而且随着时光的流逝，

[图22] 地下空间

图中所看到拉门所环绕的空间设有立柱。尽管无论是谁看到这样的空间格局，都会认为设立立柱是必然的事情，但是如果不设立立柱，实际的空间视觉效果会更佳。由于地下空间采用2mm厚的角钢制作拉门，而上部构造并没有全部采用增强结构，因此底部设立支撑立柱是非常必要的。除了严寒的季节之外，全家人坐在院子里一起吃早餐也是件十分惬意的事情。

[图23] 从地下空间向上看

站在地下的院子里可以看到蔚蓝色的天空。院子内种植着四季可以生长的植物和花卉，置身其中的人们可以感受到四季的变迁。IRONHOUSE建筑的最大亮点就是建造了下沉式的地下花园。

IRONHOUSE 外部耐候性钢材更能彰显岁月的沧桑，为 IRONHOUSE 增添了历史的风采。这座类似硬壳式车身式构造的住宅建筑，其制造精度不次于铝材制品，而且无一不显示出建造者的精心和工艺制作水平（参见图 24 ~ 图 26）。

[图24] 二层西侧的纵轴旋转窗
二层西侧的墙壁上开设了纵轴旋转窗。在西晒阳光的照射下容易使钢材出现变形，并且造成钢材表面的质感变差。因此需要对其进行绝热处理，以保证钢材内部保持较低的温度。

[图25] 地下空间建筑物的外部
图中所展现的风格颇具日式建筑的特点，而且酷似京都的町屋建筑的风格。尽管室内设有厨房和餐厅，但是推开拉门步入到外面的花园内就餐，会别有一番风味。

[图26] 地下空间建筑物的内部
可以看到整座建筑如同一件精美的工艺作品一般，高桥工业会社的工匠们参与了整个工程的建设，整个工程无处不渗透着他们辛勤的汗水。

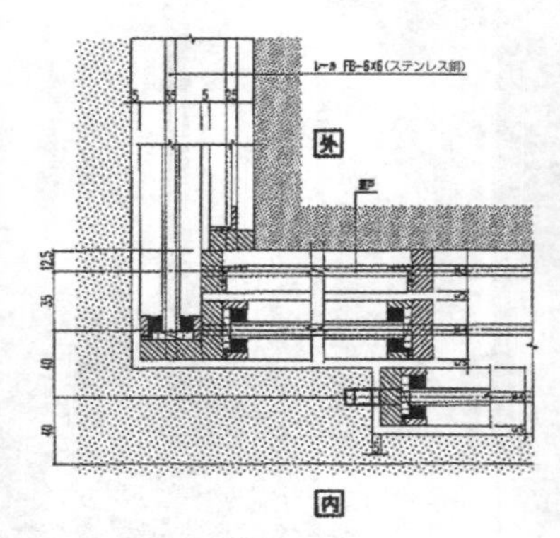

[图27] 横拉门结构的剖面图

L型地下空间建筑中安装了拉门。外窗的规格为PL-12×25，而拉门的规格为PL-12×35，拉槽的规格为PL-4.5×14。

[图28] 纵轴旋转窗

二层的书斋一角安装有开放式纵轴旋转窗，通过固定的吊杆可以调节旋转窗开启的角度。窗户上端的遮雨檐的规格为PL-12×150，用作扶手的旋转铰链采用22mm的角钢制作。

[图29] 纵轴旋转窗的剖面图

该图为水平剖面图。内侧有PL-4.5规格的遮光门，外窗为蛇腹式，其窗框的宽度为60mm，拉槽规格为PL-2.3。旋转铰链的位置靠内100mm，以便于通风。铰链采用16mm的不锈钢制作。

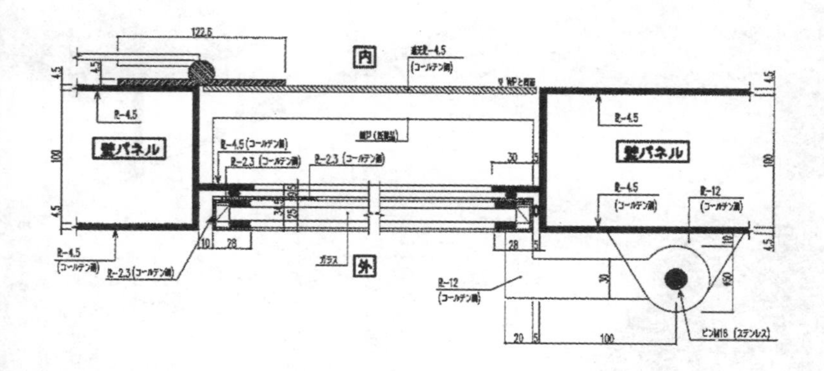

夜景

从地下空间到屋顶花园，外部共安装了 10 座照明灯具。在夜晚的灯光映照下，下沉式花园的灯光可以将院内的盆栽植物的光影映衬到屋顶的顶棚上。在漆黑的夜色中，IRONHOUSE 置身于金色的灯光之中，如同飘浮在空中的宫殿一般。IRONHOUSE 的夜景令人回味无穷（参见图 30、图 31）。

[图30] 地下空间的夜景

二层的地面恰好是一层建筑的屋顶，和整个建筑物的墙壁一样全部为耐候性钢板，经过焊接之后成为一体化的建筑结构。位于二层的阳台也是一层顶棚的一部分，种植在院内的植物的影子被灯光映照到屋顶的顶棚上，形成了和白天完全不同的景色。

［图31］外部楼梯的夜景

可以看到外部楼梯上方的灯具。这些灯具在夜空的映衬下会使建筑物反射出红色、黄色、褐色等光芒。这让我们从另一个侧面认识到耐候性钢板所具有的奇妙光学性能。

谢辞

衷心感谢建筑师椎名英三先生，他设计的 IRONHOUSE 建筑作品实现了住宅栖身理论的设想，椎名英三先生所具有的建筑师和结构设计师素质赋予了 IRONHOUSE 以新的内涵。这座体现精湛的钢结构加工水平和焊接技术的建筑作品，是由来自高桥工业会社的高桥和志、高桥和秀兄弟二人的精心之作，这两位高超的工匠大师在这座建筑作品中倾注了他们全部的热情和辛劳，本人发自内心地再次表达对高桥兄弟二人的感谢之意。

---

*本书图片均由梅泽建筑结构研究所提供

后记

最后的感想

自上次的阪神大地震算起，日本人已经有了两次大地震的惨痛体验。2011 年 3 月 11 日 14 时 46 分在日本东北太平洋海域发生了里氏 9 级（M9）的大地震。由于位于日本海沟下方的太平洋板块向上运动，造成了北美板块发生了剪切而引发了海沟型的地震。因此，其和阪神・淡路等造成地层断裂的直下型（内陆型、都市型）地震不同，此次地震诱发产生的海啸造成了前所未有的大灾难。

IRONHOUSE 的夹层钢板全部由位于气仙沼的高桥工业会社负责生产。大海啸将该工厂的厂房全部冲毁，而且当年参与该工程设计的一名工作人员至今仍杳无音讯。在此本人对这位当年的合作伙伴在表达哀悼的同时，也向受到灾难的同胞们再次表达诚挚的慰问。

在本人事务所就职的儿子恒介也亲身参与了这场救灾活动。他 4 月 17 日从东京出发，亲自开车为高桥工业会社运送救灾物资，在当地访问了由本人进行结构设计的方舟艺术美术馆，并进行现场的受灾情况调查，恒介在当地总共停留了 4 天 3 晚。根据他所描述的受灾场面和电视中报道的海啸冲击景象完全不同，被海啸冲击过的地方一切都荡然无存，是一个完全没有生机的世界，其受灾的场面已经难以用语言所描述，自然界的破坏力之大是难以想象的。将这次地震所造成的损失看成是日本有观测记录以来最大的损失也不为过。

根据日本建筑学会于 2011 年 7 月发表的灾害调查速报记载，加速度超过 0.8g，观测地震记录的等价卓越周期在 1s 之内。而阪神・淡路所观测的周期超过了 1s，因而建筑物所遭受的损害并不会变小。也就是说如果地震的卓越周期超过 1s，则抗震性较低的建筑物发生倒塌的概率会很高。

科学家通过地震的波形图来确定地震的持续时间。如果地震的持续时间在 100 秒以上，则出现地震峰值的间隔约为 50s，也就是有可能出现 2 次较大幅度的晃动，即地下岩层会出现 2 次主要的断裂破坏。阪神地震时约每间隔 10s 发生较大幅度的震动。上述结果表明，固定在建筑物上的小型附属部件，易经不住长时间的晃动，特别是吊装顶棚等一类的部件有可能被震落。通过“3·11”大地震，日本人在不忘记灾难的同时，应当牢记地震的教训，从中汲取宝贵的经验，以预防未来从日本的东海到南海的广阔区域内可能会发生的东南海大地震。这是建筑在同地震进行真刀实枪的比赛，这也是历史赋予结构设计师的重大社会责任和神圣使命。

在本书即将停笔之际，再次感谢欧姆社的三井先生和各位建筑界同仁的鼎力协助，也同时感谢本人事务所的各位同事的长期协作。同时将此书献给本人执笔创作本书时刚诞生的孙儿飒介，现在他已经2岁了。同时将此书献给倾注本人全部智慧所建造的IRONHOUSE。

梅泽良三

2011年10月

附录

项目刊登杂志一览表

[说明]

竣工时间

项目名称 | 杂志名　刊登年 / 月

[相关杂志的简称]

新建筑 = 新建、住宅建筑 = 住宅、日经建筑 = 日经、住宅特集 = 特集、GAJAPAN=GA、GA HOUSE=GH、建筑知识 = 知识、建筑技术 = 技术、铁钢技术 = 铁钢

1977

祖师谷之家 | 住宅 82/05

1990

藤泽市湘南台文化中心 | 新建 89/09，艺术 89/08-21

1992

熊本市营诧麻团地 | 日经 94/09-26，新建 94/10

1993

歌舞伎町项目 | 新建 93/08，日经 93/07-19

BASE（长田电机） | 新建 93/（05），GA93/05

C.O.V. 之家 | 特集 94/02

G.E.B. 之间 | 特集 94/02

1994

那须野原和谐会堂 | 日经 95/02-27，新建 95/03，技术 96/01

因幡万叶历史馆 | 日经 96/02-19

Floating Roof House | 特集 95/03

方舟艺术美术馆 | GA94/（08），新建 94/10

墨田生涯学习中心 | 日经 94/12-19，新建 95/01，GA95/（12）

冰见市立佛生寺小学校 · 新建 94/11

1995

SO · U · KO | 日经 98/11-30

艾玛迪斯工作室 | 特集 96/02，住宅 96/09

黑羽町文化复合中心 | 日经 97/02-17

志方邸 | 日经 97/02-17

1996

冰见市立海峰小学校 | GA97/11-12（29），新建 97/11，艺术 97/11-3

山口县立萩美术馆 · 浦上纪念馆 | 新建 97/08

上田市农林渔业体验实习馆 | 新建 97/08

蓝色码头 MM21 | 新建 97/09

三户町役场 · 三户保健中心 | 日经 96/06-17，新建 96/06

东京国际论坛大厦 | 日经 96/07-29，新建 96/08

球场之家 | 特集 97/03

穹顶之家 | 特集 97/03

滋贺县县立大学体育大厦 / 工学部大厦 | 日经 96/08-26，新建 96/09

观音寺 | GA97/01-02（24） | 新建 97/02

狛江之家 | 日经 97/06-09

CASA O | 特集 1997/03

1997

伊豆之长八美术馆收藏库 | 新建 97/09

和洋女子大学佐仓研讨室 | 日经 97/09-22，新建 97/10

富士别墅 | 特集 99/07

SNP 本社大厦 | 新建 98/01

公民会馆 | 新建 99/04

松岛樱花市场 | 新建 97/09

播磨科学公园都市厅中心 H ｜日经 98/06–29，新建 98/07

MIURATO 村落｜新建 98/05

江东之家｜特集 97/12，住宅 00/04

世田谷村｜日经 00/03–06，GA01/09–30（52），住宅 02/10

柳原医院｜日经 98/03–09

1998

迷你屋｜特集 99/01，日经 99/01–25

关口娃娃花园｜新建 99/02

翼之家｜住宅 99/02

桂浜接触中心｜新建 99/08

南山城小学校｜ GA97/5–6（26），新建 03/07

茨城县营滑川公寓｜日经 98/05–18，新建 98/06

鸣子・早稻田栈敷汤｜新建 98/09，GA98/09–10（34）

耳岩之家｜ GA98/09–10（34）

K–HOUSE ｜日经 99/01–25

SME 白金台写字楼｜日经 98/07–27，新建 98/08

断床之家｜特集 98/11

萌黄露台｜ GA98/09–10（34）

八广・覆盖之家｜住宅 98/09

长原之住宅｜住宅 98/09

驹场之住宅｜住宅 98/09

分隔之家｜住宅 98/09

跳跃之家｜住宅 98/09

长野市今井新城｜新建 98/02

VR 技术中心｜技术 98/12，GA99/07–08（30），新建 99/07

断层之家｜特集 98/11

冲绳・kusunuchi 和平文化馆｜技术 98/12

港区立大平台 minato 庄园｜新建 99/03

Esupu 盐竈｜新建 99/08，日经 99/07–12

向台・空之切妻｜住宅 00/04

天野制药岐阜研究所 | 新建 00/02，艺术 00/02-07，GA00/03-04（43），铁钢 06/04

鸟取县县立花卉公园 | GA95/11-12（17），技术 98/12，新建 99/06，艺术 99/05-31

北会津村役场厅舍 | GA99/07-08（39），新建 99/07

y3house | 日经 99/05-31

1999

冈邸 | GA99/03-04（37）

狛江・对之切妻 | 住宅 00/04

君津市保健福祉中心 | 新建 99/04，日经 99/03-22

两国之住宅 | 特集 99/09

伊豆之大学校园（壇上邸） | 日经 99/09-06

现代之子博物馆 | GA99/11-12（41）

植村秀室户工厂博物馆 | 新建 00/01

大森山王之家 | 住宅 00/04

秦野之家 | 特集 00/04

2000

Imaizumi 幼稚园 | 日经 00/04-17，技术 00/05

TREE HOUSE | GA00/07-08（45）

九品寺 | 新建 00/11，GA00/11-12（47），日经 00/11-13

大田区区立梅木园 | 日经 01/04-30

TN | 新建 01/04

2001

葛饰安乐之乡 | 新建 01/06

钢铁生态住宅 | 日经 01/05-14

枥木县那珂川水游园鱼馆 | GA01/9-10（52），新建 01/09，日经 01/09-17

新绿住宅 | 特集 01/12

美容院 R&D 中心 | 新建 01/11

TO | 特集 01/12

川口之家 | 特集 02/06

十胜海伦・凯勒纪念塔 | GA02/01-02（54）

叶山之家 | 日经 02/05-13

赤穗市市立图书馆 | 日经 02/04-29

F1 车库 | 特集 02/06

M 部 | 特集 02/08

洞爷教堂之温莎酒店 | 新建 03/04

2002

元麻布之家 | GA02/03-04（55）

Double Faces Architecture | GA01/11-12（53）

星之子爱儿园 | GA02/07-08（57），技术 05/12

吾妻会集体康复之家 & 服务中心 | 新建 03/03

日本笔会 | 新建 02/8，GA02/07-08（57）

Pora 美术馆 | 新建 02/08，GA02/09-10（58）

渡边府邸 | 住宅 02/10，日经 02/12-19

兵库县西播磨综合厅舍 | 日经 02/10-14

THE TERRACE | GA02/9-10（58），新建 02/09

T-set | 日经 02/11-11

荣町综合交流处 | 日经 03/03-03

清水府邸 | 特集 03/06

六花亭真驹内大厅 | GA03/03-04（61），日经 03/03-17，新建 03/03

2003

樱美林大学天文馆和渊野边校园 | 新建 03/6，铁钢 06/06

MOERE 沼公园的玻璃金字塔 | 日经 98/11-23，GA05/09-10，新建 03/08，铁钢 05/07

市川之家 | 日经 03/07-21

RCCN | 新建 03/09

彩之国的熊谷穹顶 | 日经 02/03-18，新建 04/01，日经 05/05-02

Irony Space | 日经 03/03-17，新建 03/05，特集 06/04，技术 08/05，铁钢 05/05

长崎和平博物馆 | 新建 03/07

栗林之家 LC-SH5 | 特集 03/12

TRIO ｜新建 03/12

净土宗麟凤山九品寺本堂｜ GA04/05-06（68），新建 04/05

袭之家｜特集 04/07

海之见丘之家｜日经 06/04-24

Apartment2122 ｜特集 04/03

星之森・鹈沼站前多功能广场 / 停车场｜新建 07/03

2004

今冶市火葬场 / 水封园｜新建 05/03

平山郁夫丝绸之路美术馆｜新建 05/04

MESH ｜新建 04/06，日经 04/07-12

PLYO ｜新建 04/06

宇都宫公寓｜新建 05/08

八岳之别墅｜新建 05/07

COSMOS # 2 – 都市住宅 2005 ｜新建 05/12

平成之二叠台目｜新建 05/02

2005

等等力的学园楼｜新建 05/08

山之家｜特集 06/12

秋之切妻｜特集 07/11

KUMAKIRI ｜技术 05/10

武藏野市市立吉祥寺剧场｜新建 06/02

西麻布之住宅｜技术 05/10

日本基督教团・原宿教会｜新建 07/04

白色经典｜特集 07/08

星局｜特集 06/04

学之森（云之平台）｜新建 07/03

法布尔资料馆（昆虫诗人之馆）｜新建 07/04

Box q ｜特集 06/12

各务原养护学校｜新建 07/03

2006

东京之心中心 | 铁钢 07/03

惠比寿画廊 | 新建 06/07

大町屋 | 特集 06/12

坂本酿造黑醋情报馆“壶畑” | 新建 07/04

Utoco 深海治疗中心 & 宾馆 | 新建 07/04

室户市巴德公馆 | 新建 07/04

六会之家 | 特集 07/08

镰谷町之住宅 | 特集 07/08

广岛公馆 | GA07/01-02（84），日经 07/01-22

platform | 新建 07/02

日本桥 · 川边之家 | 特集 07/06

水平线之家 | 特集 07/10

富山市小见地区公民中心 | 新建 08/10

八丁堀 · 樱庵 | 特集 07/12

2007

三重县县立熊野古道中心 | GA07/03-04，新建 07/06，日经 07/06-25

绿荫之家 | 特集 07/10

深海世界户外卫生间 | 新建 07/04

八岳之 J 府邸 | 特集 07/10

凯珠拱 2 | 新建 07/04

圣居 | 特集 10/03

世界最小顶棚之家 | 特集 07/12

星野哲郎纪念馆 | 新建 08/10

FuJi View House | 特集 08/04

IRONHOUSE | GA07/03-04，GH08/102，特集 08/01，日经 08/03-01，技术 08/05，住宅 08/06，知识 08/08，铁钢 08/12，新建 11/05

富山市大庄地区公民中心 | 新建 08/10

绿之家 | 知识 09/02

2008

镰仓之家 | 特集 08/07

TDC · 高木牙科诊所 | 新建 08/10

望丘之家 | 日经 10/05-10

集体公寓 · 田园调布 TT | 新建 09/02

2009

新潟车站南口站连接设施 | 新建 10/01

名古屋 · 伊藤府邸 Renovation | 特集 09/07

镰仓之周末公馆 MM | 特集 10/05

TRAPEZIUM | 特集 09/08

斜之家 | 特集 10/10

大阪服务中心 | 新建 10/01，铁钢 10/04

CELLULOID JAM | 特集 10/02

多面体的屋顶 · 馆山 | 特集 10/01

水之神殿 | GA10/09-10（106）

TRIFOLIATE | 新建 10/02

富士樱之山庄 | 特集 10/12

时间之仓库 | GA10/09-10

2010

富谷之家 | 特集 10/09

HOUSE-O | 特集 11/07

2011

武藏野地方 | 技术 09/06

儿童城东十条保育园 | 新建 11/06

作者简介

梅泽良三

1944年4月　出生于日本群马县
1968年3月　毕业于日本大学理工学部建筑学专业
1968年4月　就职于木村俊彦结构设计事务所
1977年9月　就职于丹下健三都市建筑设计研究所
1978年2月　就职于阿尔及利亚奥兰市 丹下健三事务所（负责奥兰大学的建设、设计监理）
1983年7月　从阿尔及利亚回到日本
1984年4月　创立梅泽建筑结构研究所（株）
2000年5月　鸟取县县立鸟取花园荣获2000年度松井源吾奖
2005年6月　彩之国熊谷穹顶荣获2005年度日本构造技术者协会作品奖
2009年5月　三重县熊野古道中心荣获2009年度日本建筑学会作品选奖
2011年5月　IRONHOUSE被评为2011年度日本建筑学会作品奖

译者简介

陈浩

任职于北京联合大学管理学院，长期从事教学和管理工作。翻译并出版著作多部，其中作为副主编参加编写的《墙面装饰工程施工技术》一书被列为教育部“十一五”规划教材，并被教育部评为国家级精品教材。

庄东帆

任职于机械科学研究总院，长期从事科研和管理工作。曾翻译出版了《空间要素——世界的建筑・都市的设计》（中国建筑工业出版社，2009年）一书。

著作权合同登记图字：01-2013-8416号

图书在版编目（CIP）数据

挑战建筑的“形”与“力” / （日）梅泽良三 著；陈浩，庄东帆 译. -- 北京：中国建筑工业出版社，2018.6

ISBN 978-7-112-21991-9

Ⅰ. ①挑… Ⅱ. ①梅… ②陈… ③庄… Ⅲ. ①建筑结构—结构设计 Ⅳ. ①TU318

中国版本图书馆 CIP 数据核字(2018)第 055550 号

责任编辑 杨 允 刘文昕
书籍设计 瀚清堂 张悟静
责任校对 王 烨

挑战建筑的“形”与“力”
［日］梅泽良三 著 / 陈浩 庄东帆 译

中国建筑工业出版社出版、发行（北京海淀三里河路9号）
各地新华书店、建筑书店经销
南京瀚清堂设计有限公司制版
北京富诚彩色印刷有限公司印刷

开本：787毫米 × 1092 毫米 1/32 印张：10¾ 字数：350千字
2021年8月第一版 2021年8月第一次印刷
定价：60.00元
ISBN 978-7-112-21991-9
（31894）